콘크리트 실무 매뉴얼 KCI PM209.1-10

콘크리트 구조물 이음의 설계 및 시공

균열위원회

사단법인 한국콘크리트학회 Korea Concrete Institute

발간사

우리 학회가 창립된 지가 벌써 20년이 넘게 지났습니다. 그동안 우리 학회는 모든 분야에서 창립 때보다는 크게 성장하였습니다. 저술 분야에 있어서도 초창기에 학회지, 논문집 및 Newsletter 발간을 시작으로, 그 후 여러 단행본에 이르기까지 콘크리트 관련 책자들을 출판하였습니다. 이와 더불어 연구 활동도 크게 신장되어 40개의 연구전문위원회에 의해 토론, 연구가 활발히 진행되고 있으며, 콘크리트 관련 연구도 다수 수행하여 많은 연구 보고서가 출판되었습니다.

학회 이사회에서는 지난 2009년 학회 창립 20주년을 계기로 이러한 학회의 연구활동과 저술활동을 체계적으로 추진하고, 보다 근본적인 우리만의 연구 내용을 담기 위하여 '콘크리트실무지침편찬특별위원회'를 구성하기로 하였습니다. 이 특별위원회가 기획하고 지난 2년 동안 해당 연구전문위원회가 노력하여 오늘 이와 같은 5종의 실무 매뉴얼을 최초로 출판하게 되었습니다. 우리 학회가 참조로 한 것은 ACI 각 연구전문위원회가 준비하여 출판하는 6권의 ACI Manual of Concrete Practice로서 우리 학회도 앞으로 각 연구전문위원회가 활동하여 얻은 연구 결과들을 한데 묶어 이러한 책자를 발간하고자 하는 것입니다. 따라서 이번에 5종의 실무 매뉴얼이 출판됩니다만 이것이 마지막이 아니고 시작일 뿐입니다. 그리고 한번 출판된 실무 매뉴얼들도 각 해당 연구전문위원회에서 계속적으로 수정, 보완하는 방법으로 개정할 것입니다.

끝으로 지난 2년 동안 어려운 여건 속에서도 열심히 노력하시어 우리 학회 최초로 실무 매뉴얼을 준비하여 주신 특수환경콘크리트위원회(위원장 장봉석), 매스콘크리트위원회(위원장 차수원), 고성능콘크리트위원회(위원장 고경택), 균열위원회(위원장 김윤용), 콘크리트시공기술위원회(위원장 김순환) 등 각 매뉴얼 작성 위원장님과 위원님들에게 깊은 감사의 말씀을 드립니다. 그리고 이러한 뜻깊은 일을 더욱 뜻깊게 하기 위하여 실무 매뉴얼 발간 사업은 회원 여러분의 기부금으로 이루어졌기에 도와주신 회원 여러분에게도 이 기회를 빌려 감사드립니다. 마지막으로 오늘 이 작은 출발이 10년, 20년 후에 우리나라 콘크리트 분야 발전에 큰 계기가 될 수 있기를 바랍니다.

2010. 12

사단법인 한국콘크리트학회

실무지침편찬특별위원회 위원장 김 상 식

학 회 회 장 (11대) 김 진 근

머리말

콘크리트 구조물에 발생하는 균열을 비롯하여 각종 손상 및 하자를 방지할 수 있는 효과적인 방법이 이음을 설치하는 것입니다. 이음은 다양한 콘크리트 구조물에 널리 적용하고 있는 공법임에도 불구하고, 체계적으로 이를 다루는 도서를 찾기가 쉽지 않았습니다. 이러한 이유로 한국콘크리트학회 균열위원회(KCI-209)에서는 현장의 실무자들이 참고할 수 있는 '콘크리트 구조물 이음의 설계 및 시공' 매뉴얼을 집필하게 되었습니다. 이 실무 매뉴얼은 현장 타설하는 콘크리트 구조물 이음의 종류와 기능적인 요구 조건, 설계 및 시공에서 고려해야 하는 사항 등을 다루고 있습니다. 따라서 콘크리트 타설 중에 예상치 못한 이유로 발생되는 콜드조인트에 대하여는 다루지 않고 있습니다. 또한 이음의 보수 및 유지관리에 관한 내용을 포함하지 않고 있으며, 프리캐스트 콘크리트, 교량, 초고층 건축물, 댐, 원자력 발전소 등 대규모 구조물의 이음에 대한 내용도 다루고 있지 않습니다.

다양하고 광범위한 콘크리트 구조물의 이음을 체계적으로 정리하고자 하였던 집필 초기 의욕과는 달리, 부족함이 많은 내용으로 금번 매뉴얼을 마무리하게 되었습니다. 콘크리트 구조물 이음의 기술력 향상에 조금이나마 보탬이 되고자 하는 마음으로 감히 출간하게 되었음을 널리 이해하여 주시고, 향후 실무 기술자 여러분들의 질책과 의견을 적극 반영하여 보다 유용한 매뉴얼로 거듭나도록 만들겠습니다.

그 동안 집필에 힘써주신 국민대학교 최석환 교수님, 전 쌍용건설 장기성 팀장님, 고려대학교 지광습 교수님, 조선대학교 조창근 교수님, 삼성건설 최규용 박사님과 집필에 필요한 자료를 제공하고 조언과 격려를 아끼지 않았던 균열위원회의 위원님들에게도 감사의 말씀을 드립니다. 또한 총 5편의 실무 매뉴얼 집필 총괄을 맡으시어 처음부터 끝까지 교정을 해주시고 고견을 주신 김상식 전 학회장님께 깊은 감사를 드리고, 바쁘신 중에도 각별한 애정으로 지속적인 조언과 최종 교정을 기꺼이 하여 주신 김진근 현 학회장님께 머리 숙여 감사드립니다.

2010년 12월

균열위원회(KCI-209) 위원장 김 윤 용

집필위원

집필책임자	김윤용(충남대학교)
집 필 위 원	장기성(쌍용건설), 조창근(조선대학교), 지광습(고려대학교), 최규용(삼성물산(주)건설부문), 최석환(국민대학교)

검토위원

검 토 위 원	김영진((주)대우건설기술연구원), 이만섭(코비코리아(주)), 이왕희(현대산업개발(주))

심의위원

위 원 장	김 우(전남대학교)
위 원	김상식(인하대학교), 박홍근(서울대학교), 변근주(연세대학교), 양주경(청운대학교), 연규석(강원원주대학교), 이재훈(영남대학교), 이차돈(중앙대학교), 정영수(중앙대학교)

기획 / 실무지침편찬특별위원회

위 원 장	김상식(인하대학교)
간 사	이차돈(중앙대학교)
위 원	김상철(한서대학교), 박홍근(서울대학교), 신현목(성균관대학교), 이광명(성균관대학교), 이재훈(영남대학교), 최동욱(한경대학교)

차 례

04장 시공이음 : 설계 고려 사항

05장 시공이음 : 현장 실무

06장 적용 사례

07장 결론 및 권장 사항

01 장

서 론

이 실무 매뉴얼은 현장 타설하는 콘크리트 구조물의 이음에 관하여 다루며, 영국의 Construction Industry Research and Information Association(CIRIA)에서 발간한 보고서[39]를 주된 흐름으로 하여 국내의 규정 및 사례를 함께 기술하고 있다. 이음의 보수에 관해서는 다루지 않으며 프리캐스트 콘크리트, 교량, 초고층 건축물, 댐, 원자력 발전소 등 대규모 구조물의 이음에 대한 내용도 포함하지 않는다.

'불연속' 또는 가동이음은 변형이 일어날 수 있도록 해줌으로써 콘크리트 구조물이나 다른 구조물 요소에 손상이 생기지 않도록 하려는 것이다. 완전히 불연속이거나 불구속 가동이음일 경우, 이음의 이동 및 회전이 자유롭다. 부분적으로 불연속일 경우, 특정 방향으로만 움직임을 허용하고 다른 쪽은 구속하거나 제어함으로써 힘이 전달되도록 하는 것이다. 가동이음의 종류는 2.3절에서 설명한다.

반면에 일반적인 콘크리트 구조물은 한꺼번에 타설, 다짐, 마감 처리하지 못하는 경우가 발생하므로 구조적으로 '연속성'을 가지는 시공이음이 필요하다. 따라서 시공이음은 위치와 형태가 구조물의 일체성과 연속성을 잃지 않도록 주의해야 한다.

두 가지 이음 모두 다양한 기능도 요구되는데, 특히 지면 위아래와 저수용 구조물에서 수분을 차단해야 하고 불연속적인 가동이음은 소음 및 열 차단, 화염 및 연기 전달에 대한 저항 기능도 있어야 한다. 또한 외관 및 내구성은 두 가지 이음에 공통적으로 요구되는 기능이다.

이 매뉴얼에서는 기능적인 요구 조건에 대해서 다루며, 현장 타설 콘크리트의 이음에 대한 범위 및 시방과 연계하여 설계에서 고려해야 하는 사항을 제시하고 이를 올바르게 시공하는 방법을 설명한다. 이 매뉴얼은 다양한 참고자료를 많이 인용했으며, 구조적인 가동이음 설정의 개념뿐만 아니라 이음과 봉합재의 규정에 대한 내용도 다루고 있다.

시공이음은 시공 계획에 반드시 포함되어야 하며, 타설시 레미콘, 인력 및 장비의 공급을 점검하고, 계획한 대로 이음 사이에서 타설 물량을 마칠 수 있도록 시간 계획을 세워야 한다. 이 매뉴얼에서는 콘크리트 물량이 부족하여 갑자기 시공이음을 만드는 경우처럼 특수한 상황은 다루지 않는다.

이 매뉴얼은 설계 및 시공 현장에서 모두 사용 가능하며 구조설계 및 시공기술자가 콘크리트 구조물의 이음 설치 범위를 결정하는 데 참고할 수 있다.

02 장 가동이음 : 설계 고려 사항

2.1 이동 발생 원인

모든 콘크리트 구조물은 다양한 원인으로 이동이 발생한다. 이러한 이동을 구속하지 않으면 이동이 자유롭게 일어날 것이고 내부 응력과 그로 인한 구조물의 손상도 발생하지 않는다. 아무리 작은 규모의 구조물에도 구속력은 항상 존재한다. 콘크리트 구조설계자는 이러한 이동 및 구속의 원인을 파악하고, 정량적으로 평가하여 구조물의 손상 여부를 판단해야 한다. 그러한 경우 이음을 두는 것이 한 가지 해결 방안이며 손상을 피하거나 조절할 수 있다. 다른 방법으로는 인장응력을 방지하거나 제한하기 위해서 프리스트레싱을 적용할 수도 있고, 추가적인 배근을 하여 균열을 조절할 수 있다. 필요한 곳에 가동이음을 설치하지 않으면 구조물에 균열이 발생하게 된다.

변위를 일으키는 이동의 원인은 내부 및 외부 모두에서 찾을 수 있다. 외부적인 원인으로는 다음을 들 수 있다.

- 온도 변화
- 자중, 풍하중, 지진하중 등을 포함한 정적 및 동적 하중
- 대기의 습도 변화
- 침하, 압밀, 수축, 융기 등 지반의 움직임

콘크리트 내부 자체에 있는 원인으로는 다음을 들 수 있다.

- 시멘트의 수화반응으로 콘크리트의 온도가 상승해서 일어나는 초기의 열 이동이 있으며, 더 심각한 것은 이어서 대기의 온도까지 온도가 내려가는 것
- 비회복적 건조수축
- 재하 상태에서의 크리프

2.2 이동량 산출

2.2.1 서론

변위로 인한 콘크리트 구조물의 반응은 여러 가지 인자로부터 영향을 받기 때문에 근사치로 산정할 수 있을 것이다. 그래도 어느 정도 값의 범위를 추정할 수 있으면 대응 방법을 결정하는 데 도움이 된다. 이후에 가능한 방법을 비교해서 만족할 만한 성능을 도출할 수 있다.

다음은 콘크리트 구조물에서의 이동 변위를 산정하는 내용이다. 콘크리트가 아닌 다른 시공 재료를 병용하는 경우에는 그 재료와 콘크리트 구조물 변위와의 상호 작용을 고려해야 한다. 예를 들어 BS 규정[17]을 보면, 조적벽에서는 일반적으로 6~15 m 간격으로 수직 가동이음을 설치하도록 추천하고 있다. 구체적인 값은 사용 재료가 콘크리트 블록, 석회벽돌 또는 점토벽돌 등에 따라서 달라진다. 이 값은 시멘트 모르타르로 시공된 벽체에서 발생하는 균열을 기준으로 하여 경험적으로 얻은 것이다. 콘크리트의 가동이음이 조적과 마감을 관통하는 경우를 제외하고는 같은 구조물 내의 콘크리트 부재와 심각한 상호 작용이 없을 것이다. 그렇지 않으면 이음을 연결하는 요소는 콘크리트의 변위로 인해서 거의 균열이 발생한다. 반면에 콘크리트 골조가 받치고 있는 비내력 조적벽은 조적벽과 상부에 있는 슬래브와 보 및 인접한 콘크리트 기둥과 벽체 사이의 상대 변위 차이를 해결하기 위해서 수평 두부 이음이 필요하다. 이때, 수축과 크리프로 인하여 슬래브와 보에는 처짐이 발생하고, 기둥과 벽체에는 탄성 단축이 발생하므로 이를 고려해야 한다.

2.2.2 온도 변화

완전히 외부 노출된 경우와 실내에서 사용되는 콘크리트로 구분하여 사용 온도 범위에

표 2.1 콘크리트의 사용 온도 범위[39)]

위치 및 상태		최소 온도(°C)	최대 온도(°C)	범위(°C)
완전히 노출된 콘크리트 구조 부재	밝은 색	−20	45	65
	어두운 색	−20	60	80
실내의 콘크리트	일반적인 사용	10	30	20
	비어있거나 사용하지 않는 경우	−5	35	40

표 2.2 콘크리트의 선형 온도 팽창계수[39)]

재 료		선형 온도 팽창계수 $\alpha(/^\circ C \times 10^{-6})$
고밀도 골재 콘크리트	자갈	12 ~ 14
	쇄석	10 ~ 13
	석회석	7 ~ 8
경량 골재 콘크리트	중간 경량	8 ~ 12
	초경량	6 ~ 8
기포 콘크리트		8
강섬유 보강 콘크리트		5 ~ 14

관한 영국의 예가 표 2.1에 주어져 있다[25)]. 시공 시점을 기준으로 한 온도 변화량이 더욱 중요하며, 이 값은 일반적으로 5 ~ 25°C 범위이다. 또한 콘크리트의 선형 온도 팽창계수는 표 2.2에 나타낸 바와 같다. 표에서 제공한 값은 일반적인 범위를 의미하며, 재료에 따라서는 편차가 크게 나타날 수 있다.

온도로 인한 변형량의 크기를 대략적으로 파악하기 위해서 60 m 길이의 콘크리트 구조물이 고밀도 골재의 콘크리트로 만들어졌다고 가정하자. 구조물을 건설할 때 전체적인 수축 또는 팽창량은 (α × 전체 길이 × 온도 변화량)으로 계산된다. 밝은 색을 띤 외부노출 부재의 경우, 15°C에서 −20°C의 온도 차이로 인한 총 수축량은 $(12 \sim 14)\times10^{-6}\times60{,}000\times(15-(-20)) = 25.2\text{ mm} \sim 29.4\text{ mm}$이다.

그림 2.1에서의 블록 A와 같이 기둥이 받치고 있는 대칭적인 형상의 구조물의 경우 한 쪽 끝에서의 수축량은 이 값의 반이 되어 12.6 ~ 14.7 mm가 된다.

예를 들어 층고 3 m이고 온도가 안정적인 바닥 슬래브가 하부에 있고, 상부에 노출된 1층 슬래브에 수축으로 인한 수평 이동을 고려하면 횡방향 변위 정도는(12.6 ~ 14.7)/3,000=

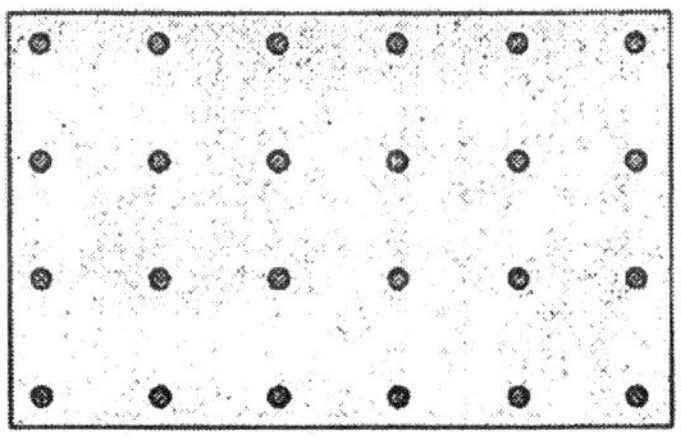

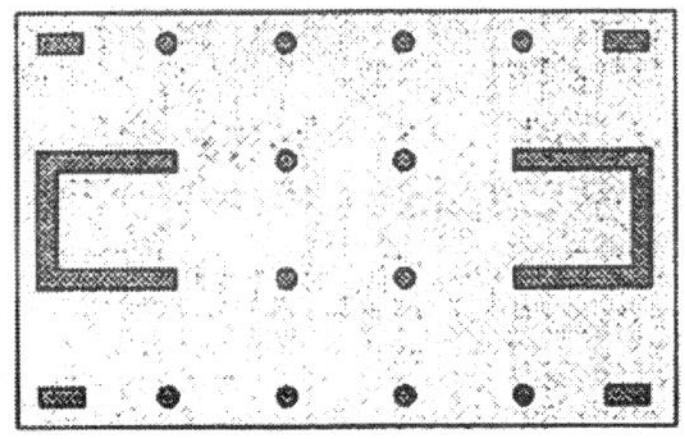

그림 2.1 열에 의한 변형에 영향을 받는 일반적인 평면 배치[39]

1/(204~238)인데 이 정도의 값은 사용성 측면에서 너무 크다고 할 수 있다. 만일 그림 2.1의 블록 B와 같이 양쪽에 횡방향으로 강성이 큰 코어 월을 적용하면, 횡방향 변위로 인해서 상당한 양의 구속력이 코어 월에 작용하게 될 것이다.

이와 같은 경우는 극단적인 상황이라고 할 수 있다. 즉, 1층 슬래브가 그 정도로 완전히 차가워질 수 있도록 장시간 낮은 온도에 완전히 노출된 상태라야 한다. 또한 건물에서 사용 중 또는 단열로 인한 열의 회복 가능성을 완전히 무시한 것이다. 그렇지만 근사적으로 추정한 이동량은 이음 설치를 고려해야 할 정도로 충분히 크다.

2.2.3 초기 재령 열 변형

초기 재령에서 열에 의한 변형은 시멘트의 수화 작용으로 콘크리트 온도가 상승하는 것과 이어서 대기 온도까지 내려가는 과정에서 나타난다. 한편, 온도가 떨어지는 과정이 더 심각한 상황이다. 왜냐하면 콘크리트의 인장강도가 매우 낮은 단계에서 수축이 발생하기 때문에 균열 발생 가능성이 매우 높다. 방수나 저수를 목적으로 하는 시공인 경우에는 특히 중요하다. 먼저 온도 상승을 조절하고, 그 다음은 냉각에 의한 수축변형률이 새로 타설한 콘크리트의 인장변형률 범위 내에 들도록 조절한다. 이때, 경화된 인접 콘크리트로부터 받게 되는 구속력을 고려해서 시공 계획을 수립해야 한다. 특히 주의해야 하는 것은 타설 부피가 클 경우 많은 수화열이 쉽게 방출되지 않는 점이다.

균열의 위험은 이음을 도입하는 것 못지않게 설계 및 시공 계획으로도 경감시킬 수 있다. 특히 타설 부피가 큰 경우에는 표면과 내부 사이의 온도차가 커서 이로 인한 손상을 쉽게 제어하기 어렵기 때문에 두 가지를 동시에 고려해야 한다. 그럴 경우 가동이음을 설치하는 것보다는 사용 재료의 온도를 낮추거나 단열재를 사용하는 것이 균열을 줄이는 데 훨씬 더 효과적이다.

2.2.4 대기 습도 변화

대기 중 습도의 변화는 구조 재료에 영향을 끼친다. 콘크리트가 굳고 난 후에 발생하는 건조수축에 이것이 추가적으로 작용한다(2.2.5절 참고). 표 2.3은 일반적인 값이며, 이는 가역적인 값이다[8]. 콘크리트는 건조하면 수축하고 습윤 상태에서는 팽창을 일으킨다.

표 2.3의 값은 섬유 보강 콘크리트를 제외한 무근 콘크리트에만 적용하는 값이며, 철근 콘크리트 구조물에서는 철근이 콘크리트의 수축을 구속하는 작용을 함으로써 그 값이 감소하게 된다[22].

앞에서 말한 고밀도 골재 콘크리트로 만든 60 m 길이의 1층 슬래브를 다시 예로 들면, 이론적으로 노건조와 완전 포화된 양극단을 가정하면 가역적인 수분 이동은(0.0002 ~ 0.0006) ×60,000 mm = 12 ~ 36 mm 범위일 것이다. 그러나 실제로는 이러한 극단적인 기후 조건에 노출되기는 어렵다. BS 규정[22]에서는 일반적인 콘크리트의 내부와 외부 상대 습도를 각각 40 퍼센트와 70 퍼센트를 추천하고 있다. 위에서 계산한 100 퍼센트 대신에 이러한 30 퍼센트의 차이가 의미하는 것은 습도변화에 의한 가역적 이동량이 3.6 ~ 10.8 mm라는 것이다. 이것은 수분이 콘크리트 내부에서 외부로 또는 콘크리트 외부에서 내부로 완전히 이동한다고 가정하는 경우이다. 그러나 이러한 현상이 발생하기는 어렵기 때문에 대기의 습도 변화 자체만으로 콘크리트에 가동이음을 두어야 할 만큼의 이동량이 생기지는 않는다고 보는 견해가 일반적이다.

표 2.3 콘크리트 내에서의 가역적인 수분 이동[39]

재 료		가역적인 수분 이동 (%)
고밀도 골재 콘크리트	자갈	0.02 ~ 0.06
	쇄석	0.03 ~ 0.10
	석회석	0.02 ~ 0.03
경량 골재 콘크리트	중간 경량	0.03 ~ 0.06
	초경량	0.10 ~ 0.20
기포 콘크리트		0.02 ~ 0.03
강섬유 보강 콘크리트		0.02 ~ 0.06

2.2.5 비회복적 건조수축

콘크리트가 굳고 수분이 서서히 손실되면서 비회복적인 수축이 발생한다. 이 값은 표 2.4와 같다.

표 2.4의 값은 일반적으로 실험실에서 자유로운 수축이 가능한 상태로 공시체 실험을 수행한 결과로서 섬유 보강 콘크리트를 제외한 무근 콘크리트에만 적용이 가능한 값이다. 철근 콘크리트 구조물에서는 철근이 콘크리트의 수축을 구속하는 작용을 함으로써 그 값이 감소하게 된다[22].

구조적인 변형 또는 응력 계산에 이러한 수치들을 적용하기 전에 두 가지를 고려해야 한다. 하나는 크리프의 영향인데, 이는 수축으로 인한 실제 인장응력을 감소시키는 효과가 있다(2.2.8절 참조). 또 다른 하나는 대부분의 구조물 바닥의 경우 건조수축은 점진적인 과정으로서 구조물이 시공되면서 그 영향이 위로 전달되며 수축이 잔물결처럼 퍼진다고 할 수 있다. 따라서 부등 수축 변형은 상당히 감소한다. 발생 응력은 일반적으로 철근을 적절히 설계함으로써 해결할 수 있다.

설계 시 수축의 영향을 특별히 신경 써야 하는 경우는 대규모 1층 바닥 슬래브, 저수용 구조물 및 강성이 다른 부분을 연결하는 부위 등이다. 지면에 직접 타설하는 바닥 슬래브는 미끄러운 비닐을 깔아서 수축이 일어나도록 할 수 있다. 이때, 건조수축 균열을 제어할 수 있도록 충분히 배근해야 한다[33]. 저수용 구조물의 설계에서는 구조물의 강성이 국부적으로 감소하는 경우에도 특히 수축 변형에 주의를 해야 한다. 예를 들면 대규모 건물 사이에 있는 연결 브리지의 경우이다(그림 2.6 참조). 이와 같은 경우에 심각한 균열 위험을 줄이려면 가동이음을 최소한 한 군데는 설치해야 한다. 그림 2.1의 블록 B처럼 강성이 상당

표 2.4 콘크리트의 비회복적인 건조 수축[8]

재 료		비회복적인 수분 이동(%)
고밀도 골재 콘크리트	자갈	0.03 ~ 0.08
	쇄석	0.03 ~ 0.08
	석회석	0.03 ~ 0.04
경량 골재 콘크리트	중간 경량	0.03 ~ 0.09
	초경량	0.20 ~ 0.40
기포 콘크리트		0.07 ~ 0.09
강섬유 보강 콘크리트		0.03 ~ 0.06

히 큰 벽체 또는 기둥이 양단에 있는 건물도 온도 변화뿐만 아니라 수축의 영향에도 취약하다(2.2.2절 참조).

2.2.6 하중의 영향

구조물에 작용하는 하중은 건물의 자중, 활하중, 풍하중, 지진하중 등이다. 그리고 기둥 또는 벽체가 기울어지거나 인접 부재와 동일선상에 있지 않은 경우와 같이 우발적으로 발생하는 부수적인 영향도 있다. 일반적으로는 정적이지만 동적인 영향이 심각할 수도 있다. 이들은 바람, 지진 및 설치되어 있는 장비의 진동으로부터 발생한다.

하중으로 인한 변형에 대해서는 일반적으로 구조적인 이음이 필요하지 않다. 그러나 2.2.1절에서 기술한 것처럼 비내력 조적벽과 구조물 사이에는 분리이음이 필요할 것이다. 예외적으로 하중으로 인한 변형이 손상을 입힐 수 있는 경우가 지진활동이다. 건물이 비대칭 구조물로 이루어진 건물에 흔히 이음을 도입하는데(그림 2.7 참조), 이는 건물의 무게 중심과 구조물의 전단 중심 사이의 편심을 최소화하려는 것이다.

2.2.7 지반 운동

콘크리트 구조물에 가동이음을 설치하는 주된 이유는 지반의 운동, 혹은 더 정확히 말해서 부등 지반 이동 때문이다.

지반의 운동은 일반적으로 다음과 같은 이유로 일어난다.

- 하중으로 인한 침하
- 하중 또는 수분 함량 변화로 인한 압축성 토질의 압밀
- 채광 또는 터널 굴착으로 인한 침강
- 시공 후 지하수위의 변화

지반 운동은 기초 지반에서 수직과 수평방향으로 모두 일어나는 경우가 많다. 따라서 건물은 뒤틀림을 일으키는 부등 수직 이동과 아울러 인장 또는 압축 변형을 일으키는 수평 이동의 위험에 노출될 수 있다.

일반적으로 이음은 높이가 다른 2개의 구조물 사이에 둔다. 특히 지반 조건 때문에 기초의 형태가 서로 다른 경우에 그렇다. 그림 2.2는 높은 구조물이 말뚝기초 위에 있고 인접한 낮은 구조물이 독립기초 위에 있는 경우이다. 점토 지반 위에서는 이러한 기초를 선택

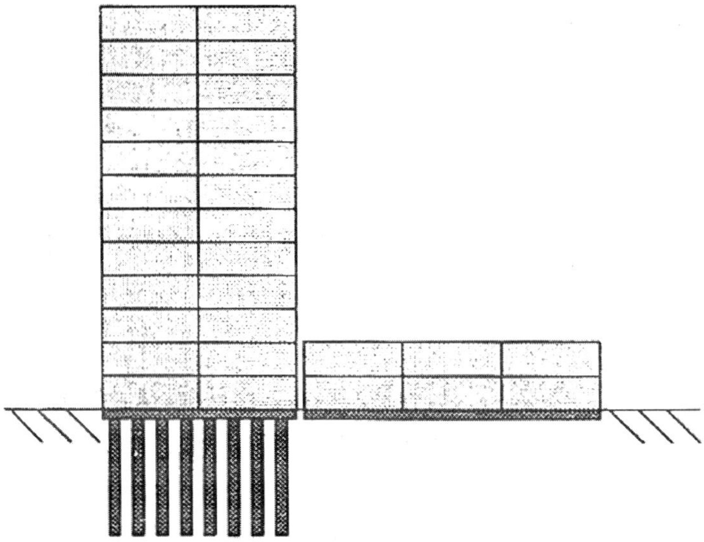

그림 2.2 지반과 기초를 고려해서 결정된 가동이음의 위치[39]

하는 것이 합리적이고 또한 경제적이다. 말뚝기초와 독립기초는 침하 특성이 다르기 때문에 이음으로 2개의 구조물을 분리하고 독립적으로 움직이도록 하는 것이 합리적이다.

2.2.8 크리프

크리프는 응력을 받는 콘크리트에서 변형이 점차 증가하는 시간 의존적인 현상이다. 따라서 지속적으로 가해지는 응력이 크리프를 일으킨다. 초기 재령 콘크리트에서 더 많이 발생하고, 단순 응력보다는 지속적으로 가해지는 응력으로 인해서 크리프가 더 많이 발생한다. 일상의 사용 하중하에서 크리프 변형이 최대 값에 도달하지만 하중이 증가하게 되면 추가적인 크리프가 발생할 것이다.

응력이 지속적으로 작용하는 한 크리프로 인한 변형은 증가한다. 따라서 연직하중을 받는 보나 슬래브는 크리프로 인하여 처짐이 증가하고 결국 극한 수준에 이른다. 그러나 건조수축처럼 응력의 영향이 내부에 있는 경우는 응력 이완이 발생하면서 잔류 변형이 상당히 줄어든다. 건조수축에 의한 장기적인 잔류 인장변형률은 크리프 이완이 있는 경우 $30\mu\varepsilon$ (30×10^{-6}) 정도이며, 구속하지 않아 크리프 이완이 없는 단기간에 걸친 작은 규모의 실험에서는 $300\mu\varepsilon$ 정도로서 90 퍼센트 정도 줄어든다는 연구도 있다.

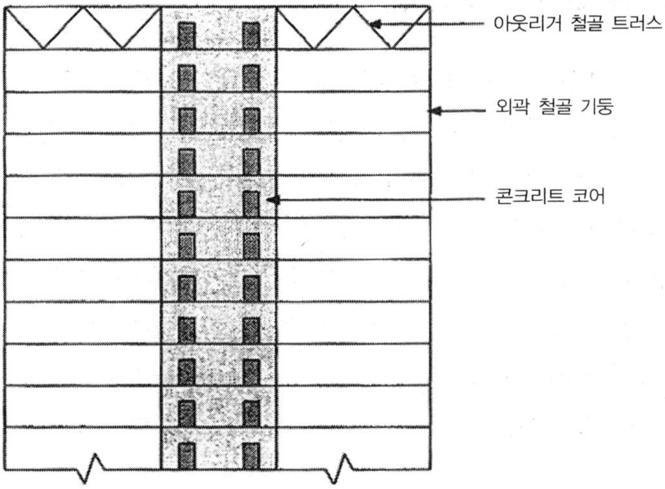

그림 2.3 **크리프의 영향으로 발생하는 이동에 대비할 필요가 있는 구조물**[39)]

일반적으로 크리프 때문에 이음을 설치해야 하는 것은 아니다. 특별한 조건하에서는 심각해진다. 예를 들어 연속 탈착식 거푸집으로 시공된 콘크리트 코어와 외곽에 강재 기둥이 풍하중에 대비한 아웃리거 철골 트러스와 함께 설치된 고층 건물이 이러한 경우이다(그림 2.3 참조). 시공 후 크리프 그리고 건조수축으로 인한 코어의 수직방향 수축은 트러스와 외곽 기둥 모두에 손상을 일으킬 수 있는 응력을 발생시킨다. 여기서 일정한 간격으로 강 이음의 이완과 결속을 조절할 수 있는 조치가 필요하다.

또한 크리프의 영향을 고려해서 콘크리트 구조물과 비내력 조적벽과 같은 비구조 부재 사이에 이음을 설치할 필요가 있다.

2.3 가동이음의 형태

2.2절에서 살펴보았듯이 가동이음은 다음과 같은 상황에 대해서는 반드시 고려해야만 한다.

- 온도 변화로 인한 이동
- 초기 재령 열 이동
- 비회복적인 건조수축
- 지반의 운동

가동이음의 여러 가지 형태는 다음과 같다.

2.3.1 자유 가동이음 또는 격리이음

명칭으로 알 수 있듯이, 이 이음에서는 모든 방향으로 자유로운 이동 및 회전이 가능하다(그림 2.4(a) 참조). 격리이음은 다음과 같은 상황에서 주로 사용된다.

- 지상 구조물, 특히 지붕 슬래브와 하부면 노출 슬래브에서 온도 변화로 인한 이동을 받아주기 위해서 필요하다. 지하에서는 온도 변화의 크기가 작고 또한 천천히 발생한다. 이는 흙의 히트 싱크, 즉 열 집적 효과와 외기 노출이 적기 때문이다.
- 지반의 부등한 이동을 받아주기 위해서, 특히 인접 부재 또는 구조물에 서로 다른 지내력이 작용하거나 지반의 침하량이 다른 기초일 경우이다. 이러한 자유 가동이음을 격리이음이라고도 한다.

2.3.2 자유 수축줄눈

자유 수축줄눈은 처음부터 틈이 없게 만들고, 이동이 발생하였을 때에 줄눈이 벌어지게 되는 경우에 적용한다(그림 2.4(b) 참조). 주로 저수용 구조물에서 초기 재령 열 변형과 비회복적인 건조수축을 처리하기 위해서 사용되며, 전달되는 하중이 없거나 줄눈 면에서의 변위를 같이 맞추어야 할 필요가 없는 경우에 사용된다. 이러한 줄눈은 온도 상승과 같이 어느 정도 팽창이 일어나는 환경에서도 적용할 수 있지만, 초기에 발생하는 수축보다 크기가 작고 나중에 발생하는 경우에 한한다.

2.3.3 부분 수축줄눈

이러한 종류의 수축줄눈에서는 철근이 콘크리트의 맞댐이음 부분을 지나서 콘크리트 속으로 계속 이어진다. 단면은 줄이거나 비부착으로 하여 줄눈 부분을 약하게 함으로써 수축이 일어날 수 있게 만든다[46]. 철근은 전단력을 전달해야 하거나 줄눈 설치 면에서 변위를 맞춰야 하는 경우에 사용된다. 이러한 줄눈은 저수용 구조물, 옹벽 및 대규모 바닥 슬래브 등에서 초기 재령 열 변형 또는 비회복적인 건조수축에 대응하기 위해서 사용한다. 두 가지 변형된 형태로 부착형과 비부착형 줄눈이 있다(그림 2.4(c) 및 2.4(d) 참조). 줄눈 양쪽에 각각 콘크리트를 별도로 타설해서 만들거나 한꺼번에 타설해서 만들 수 있다. 한꺼번에 타설할 경우에는 균열 유발 스트립을 사용해서 미리 분리하거나 나중에 콘크리트 표면에 톱질을 해서 홈을 만든다.

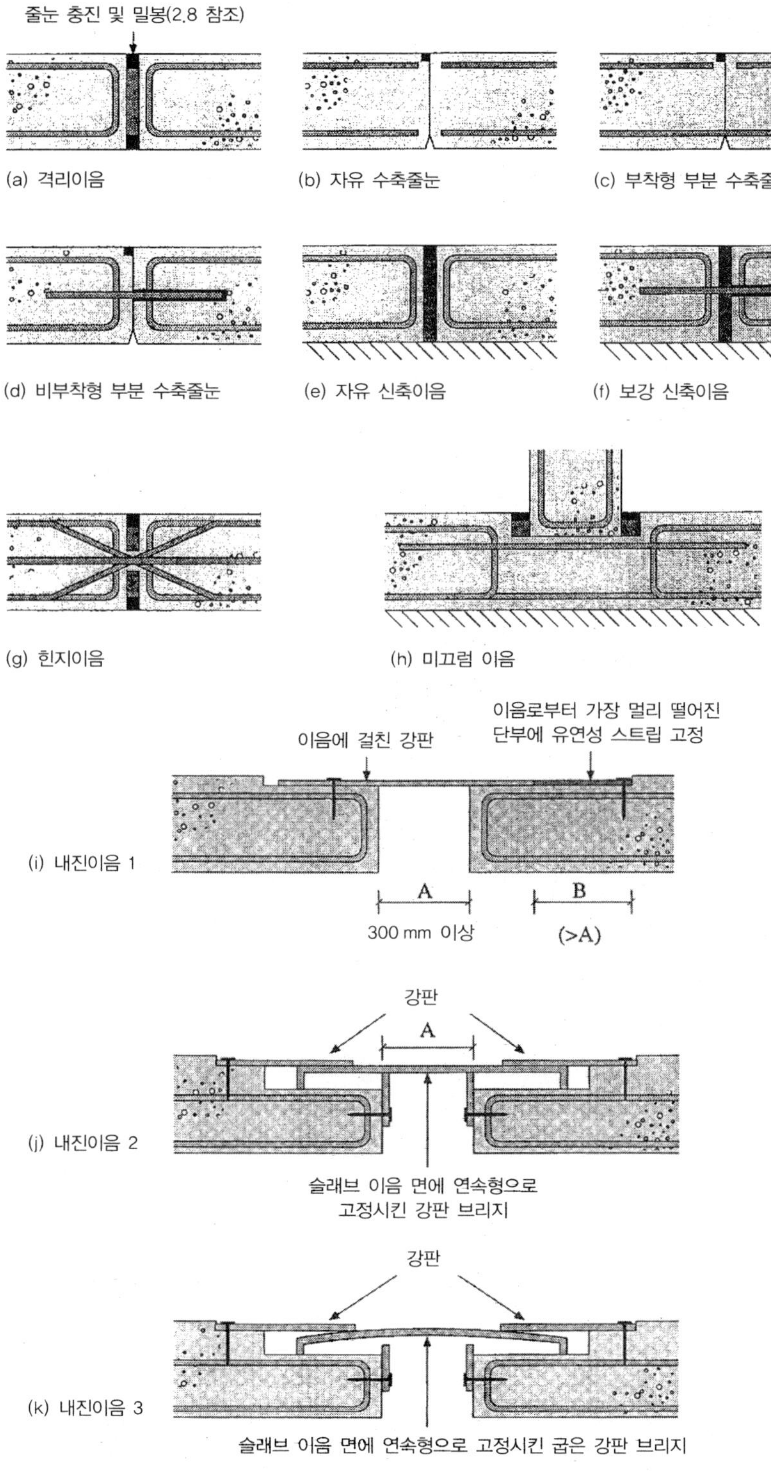

그림 2.4 **가동이음의 형태**[39)]

① 부착형 수축줄눈

부착형 수축줄눈은 줄눈 부분에서 철근의 양을 줄여서 사용한다. 이것은 표면에서의 초기 재령 열 변형과 건조수축을 허용하면서도 전단력을 전달하고 줄눈이 자유로이 벌어지는 것을 막을 수 있다. 이러한 방법으로 바람직하지 않은 표면 균열이 생기는 것을 줄일 수 있다.

이러한 형태의 줄눈은 저수용 구조물과 대규모 바닥 슬래브를 인접하여 타설할 경우 그 사이에 많이 설치된다.

② 비부착형 수축줄눈

여기서도 부착형 수축줄눈과 마찬가지로 줄눈을 관통하는 철근이 사용된다. 그러나 한쪽을 비부착으로 하여 수축을 구속하지 않기 때문에 초기 재령 열 변형과 건조수축이 단면 두께 전체에 걸쳐서 일어난다. 이러한 형태의 줄눈은 부착형 수축줄눈만큼 많이 사용되지는 않는다. 주로 대규모 지면바닥 슬래브, 도로 및 대형 주차장 포장 등에 사용된다. 철근은 흔히 다월 철근 형태로 설치한다.

2.3.4 신축이음

이 용어는 간격을 준 모든 형태의 이음에 두루 사용되는데, 구조적인 역할 또는 균열 개폐의 방향과는 무관한 통칭이다.

이러한 이음은 팽창성 이동이 자유로이 일어나도록 해준다. 그림 2.4(e)처럼 만드는 경우는 자유 신축이음이 되고, 그림 2.4(f)처럼 철근을 넣어서 전단력을 전달하고 면의 높이를 맞추면 보강 신축이음이 된다. 철근을 넣는 보강 신축이음의 경우는 축 방향으로 자유로이 움직일 수 있도록 비부착으로 만들어야 한다. 이러한 형태의 이음은 특히 태양열로 인한 온도차가 심한 부위에 적용한다. 예를 들면 지붕 슬래브, 보도교 및 옥외 바닥 슬래브 등이다.

2.3.5 힌지이음

그림 2.4(g)와 같은 힌지이음은 건축 구조물보다는 교량, 특히 아치에서 자주 쓰인다. 좁은 목 부분에 철근을 집중 배근해서 모멘트 전달은 최소화하고 회전을 자유롭게 해주는

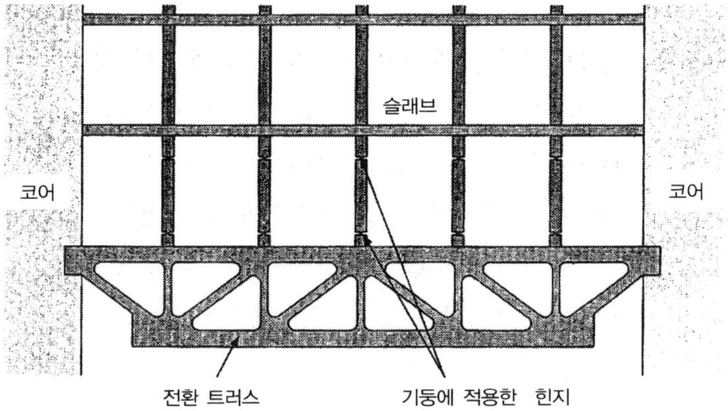

그림 2.5 **손상 잠재력을 피하기 위한 힌지 이음**[39)]

한편, 전단 및 축 방향 하중은 전달되도록 하여 이음의 좌우 변위도 맞추어 주는 구조이다. 콘크리트의 핀 접합을 효과적으로 만들어주기 위해서 가끔 적용된다. 예를 들면 상부의 바닥하중을 포스트텐션이 진행되는 장스팬 트랜스퍼 거더로 전달하는 최저층 기둥에 힌지 이음을 적용하면 수평전단 파괴력을 최소화시킬 수 있다(그림 2.5 참조).

2.3.6 미끄럼이음 및 베어링

프리캐스트 콘크리트 구조물과 교량과 같은 대규모의 토목 구조물에서 주로 사용된다. 저수용 구조물의 벽체와 바닥 또는 벽체와 지붕 사이의 이음부에서도 가끔 사용된다. 이 이음은 격리이음과 비슷하며, 하중이 베어링에 의해서 서로 전달되는 것이 다르다. 매끈한 콘크리트 표면을 그대로 이용하거나 마찰력을 감소시키는 소정의 베어링 또는 판막형을 이용해서 하중도 전달하면서 필요한 움직임도 가능하게 한다. 이러한 베어링은 적절히 설계하여 소음 및 진동을 차단할 수 있는데, 예로 철로 옆에 건설되는 병원 등이 있으며, 내진 구역에서는 바닥을 격리시킴으로써 구조물을 보호할 수 있다.

미끄럼이음의 예로 자주 볼 수 있는 것은 바닥 슬래브 아래에 미끄럼 판막을 설치하여 건조수축을 허용하는 것이다. 그림 2.4(h)는 저수용 구조물의 바닥과 벽체 이음부에 적용한 전형적인 미끄럼이음이다.

2.3.7 내진이음

지진은 구조물의 대규모 이동을 발생시킨다. 따라서 개방형 가동이음을 설치한 곳에 특별한 주의가 필요하다. 예상되는 누적 변위를 받아줄 수 있도록 이음의 간격이 충분히 넓어야 한다. 그 값이 100 mm를 넘을 수도 있으며, 따라서 기존의 이음 봉합재나 개스킷의 한계를 초과한다. 이러한 경우 보행자 및 차량의 통행을 고려하면 적절한 이음재를 찾기가 쉽지 않다. 강판을 사용하여 이음 한쪽을 고정하거나 느슨한 상태로 붙들어 두는 것도 한 방법이다. 그림 2.4의 (i), (j), (k)에서 사용한 예를 볼 수 있다.

2.4 가동이음의 기능적 고려 사항

BS 규정[14)]에서는 이음의 기능적 고려 사항을 제시하고 있는데, 이 가운데에서 가장 중요한 비구조적 고려 사항을 열거하면 아래와 같다.

- 내구성
- 누수 저항성
- 방음
- 단열
- 내화
- 외관
- 점검 및 유지 관리를 위한 용이성

그밖에도 특정 상황에 따라 위의 항목 이외의 부가적인 사항을 고려할 수 있다.

2.4.1 내구성

이상적으로는 이음이 구조물의 설계 수명과 같아야 하지만 실제로는 그렇게 만들기 어렵다. 이음은 일반적으로 외기에 노출되고 주기적인 이동과 힘의 영향을 받으므로 재료를 선정할 때에는 초기 설치 비용과 이음의 파손 또는 점검 및 관리를 위한 용이성 등 종합적으로 고려해야 한다.

초기 비용이 높더라도 구조물의 수명을 고려하여 이음의 내구성을 확보하도록 설계·시공하는 것이 바람직하다. 공장 바닥의 두 패널 사이에 놓인 이음의 다월 철근이 그 좋은 예인데, 이러한 이음은 구조물을 철거하지 않고는 교체하는 것이 불가능하기 때문에 구조물의 내구 수명과 동등한 내구성을 확보하도록 설계하는 것이 중요하다. 계단 벽체가 완성된 후 노출 계단을 시공할 때, 이를 지지하는 다월 철근의 내구성은 더욱 중요하다. 왜냐하면 이음의 구성요소가 파괴될 경우 큰 사고로 이어질 수 있기 때문이다. 이와 같은 경우에는 일반적으로 피막 처리된 탄소강보다는 비용이 많이 들더라도 스테인리스 또는 산화방지 처리된 철근을 쓰는 것이 바람직하다. BS 규정[18]에서는 다양한 설계 수명에 따라 내구성을 확보할 수 있는 체계와 개념을 소개하고 있다.

2.4.2 누수 저항성

누수와 물의 침입은 구조물의 성능을 저하시키는 매우 중요한 요인이므로 콘크리트 구조물의 이음의 설계할 때에는 반드시 누수 저항성을 고려해야 한다[20),15),29)].

지상의 콘크리트에서 노출된 이음은 대기 중의 습도와 비, 눈, 우박 또는 설비용 배관의 누수로 인하여 습기에 노출될 수 있다. 가장 정상적인 해법은 이음에서 이동 발생이 예상되는 부위를 밀봉하는 것[14)]으로서 2.8절에서 이를 다루고 있다.

지표면 위 또는 아래에서의 콘크리트 이음은 액체와 증기 형태의 지하수에 영향을 받게 된다. 따라서 불순물과 토양 내 오염 물질이 구조물 이음의 사용성과 내구성에 미치는 영향을 고려하는 것은 필수적이다. 또한 도심지에서는 지하수위가 상승할 수 있으므로 이를 고려하는 것이 바람직하다[44)]. 또한 지하수를 차단하는 차수공 또는 지수재를 설계하는 방법도 채택할 수 있다(2.7-2.8절 참조).

바닥 슬래브처럼 지면에 닿아 있는 슬래브의 이음은 바닥의 위·아래로부터 발생할 수 있는 누수의 영향을 받으며 각종 오염 물질에 대하여도 저항할 수 있도록 해야 한다[33),46),14)]. 수용성 액체를 저장하는 구조물의 이음 역시 내·외부로 발생할 수 있는 누수와 그로 인한 오염을 방지하도록 밀봉시켜야 한다. 식수를 저장하는 구조물의 이음에는 인체에 해가 없는 봉합재를 사용해야 한다. 봉합재의 재료는 저장된 액체와 화학 반응이 일어나지 않는 것으로 선정해야 한다.

2.4.3 방음

이음에 틈이 있도록 설계된 경우에는 구조물에서 발생된 소리가 이음에서 차단되는 반면, 공기 중에서 발생된 소리는 이음을 통하여 전달되는 특징이 있다. 극장과 같이 음향

시설이 중요한 구조물을 설계할 때에는 이러한 특성을 이용하여 이음과 연계된 음향 설계를 할 수 있고, 내부 또는 외부의 방음이 필요한 구조물에도 이러한 특성을 이용할 수 있다[16].

2.4.4 단열

방음의 경우와 유사한 특성이 단열 처리에도 적용될 수 있다[34),26)].

2.4.5 내화

구조물 이음의 내화 성능을 만족시키기 위하여 불연성 절연체를 사용하거나 화염과 연기를 차단할 수 있는 팽창형, 무기질 재료를 사용할 수 있다[37),35)]. 내화 성능을 확보하기 위하여 이음으로서 고유의 기능을 저하시키도록 설계하여서는 안 된다.

2.4.6 외관

이음의 외관은 콘크리트 구조물 전체의 외관에 크게 영향을 미치므로 이음이 구조물 외관과 조화를 이룰 수 있도록 설계해야 한다. 또한 이음의 외관이 구조물의 표면 처리와도 조화를 이루도록 설계하는 것이 바람직하다. 이음의 외관을 양호하게 만들기 위해서는 2.9절의 상세, 3.2절의 거푸집 그리고 3.4절의 품질 좋은 콘크리트 시공이 필수적이다[40].

2.4.7 점검 및 유지 관리를 위한 용이성

이음은 자체 부품 성분이 건물의 총 수명을 따라갈 수 없으므로, 정기 점검 및 유지 관리의 측면에서 용이성이 요구된다. 또한 주요 장비가 접근할 수 있어야 하고, 작업자가 위험하지 않게 접근하고 작업할 수 있도록 용이성을 확보해야 한다. 고층 빌딩에서는 밧줄을 타고 하강하는 것이 작업대 및 비계를 사용하는 것보다 경제적이고 효과적일 수 있다. 이음을 설계할 때에는 향후 유지 관리를 고려하여 결합 요소의 제거, 표면 마감 및 준비, 위험 및 손상 없는 결합 요소의 교체 등 일련의 작업이 원활히 진행되도록 만들어야 한다.

2.5 가동이음의 설치

이 절에서는 가동이음이 적용되는 일반적인 경우에 대하여 기술한다.

2.5.1 건축 구조물

건물 상부 구조에서의 자유 가동이음은 온도 변화와 비회복적 건조수축의 영향으로 생기는 이동량을 수용하는 것이다.

이동에 의해 발생하는 외력을 구조물이 충분히 저항할 수 있는가에 대하여 구조계산을 통하여 검증한 후, 이음의 간격을 설계해야 한다. 대형 건축물의 경우, 일반적으로 60~70 m 간격으로 가동이음을 두고 있으며[8], 세장한 기둥으로 지지된 무량판 슬래브 지붕과 같이 구조물이 수평 이동에 대하여 상대적으로 유연한 경우에는 이음의 간격을 증가시키는 것으로 알려져 있다. 그러한 경우, 기둥에 2차적으로 발생하는 휨모멘트를 설계에 반영해야 한다. 반대로, 강성이 큰 기둥으로 지지된 규모가 작은 구조물의 경우에는 기둥에 발생하는 휨모멘트와 수평전단력을 줄이기 위하여 가동이음의 간격을 좁히는 것이 유리하다.

단열이 되지 않거나 약간 단열된 지붕 슬래브, 난간 그리고 노출된 바닥 슬래브의 경우에는 이음의 간격을 약 20~40 m로 좁혀서 일별 그리고 기후별 온도 변화에 보다 원활히 대응하도록 한다.

이음 간격은 온도 변화에 영향을 받는데, 프랑스의 콘크리트 설계기준[9]에서는 차갑고 습한 지역의 경우, 이음의 간격을 50 m로 덥고 건조한 지중해성 지역의 구조물인 경우 이음의 간격을 25 m 이하로 두는 것을 권장하고 있으며, 이 간격을 초과할 경우에는 구조계산을 통한 검증을 하도록 요구하고 있다. 미국에서는[24] 매우 온난하고 통상적인 온도 분포를

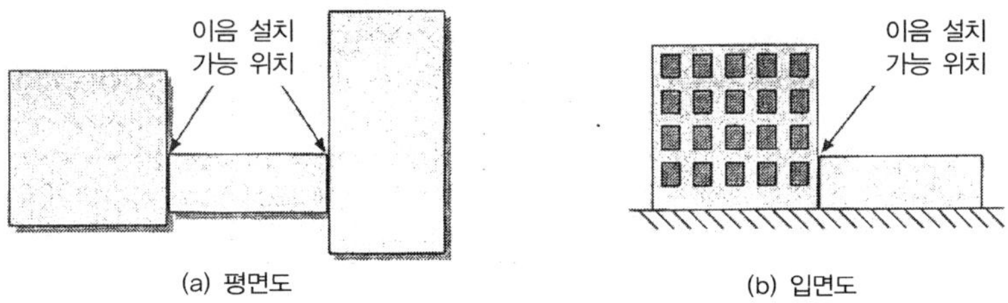

그림 2.6 구조물의 단면 형태가 급격히 변하는 곳에 설치한 가동이음[39]

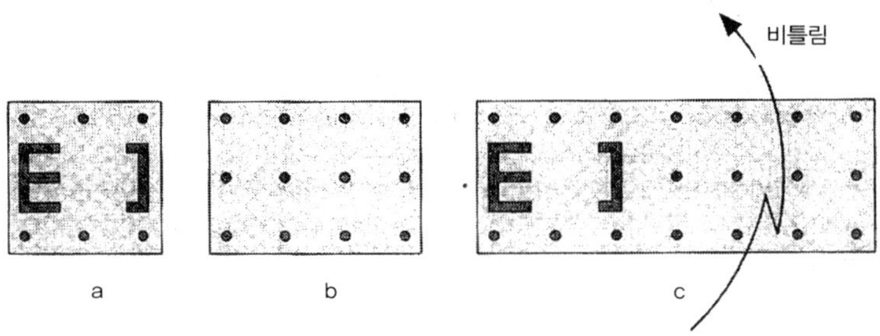

그림 2.7 **비대칭 구조에 적용하는 가동이음**[39)]

가진 지역의 난방 건물에 대해서는 대칭형 콘크리트 골조의 경우에 180 m 이상의 이음 간격도 가능하다는 연구 결과가 발표된 바 있다.

상대적으로 작은 단면이 온도 변화로 야기되는 균열에 취약하므로, 자유 가동이음의 위치는 콘크리트 구조물의 단면이 급격히 변하는 곳에 두는 것이 바람직하다(그림 2.6).

자유 가동이음은 동일 건물 내에서 상이한 구조 시스템을 분리시키기 위해 사용되기도 한다. 그림 2.7은 자유 가동이음으로 분리된 b동이 풍하중하에서 별개의 골조로 작용하는 반면, 높은 강성의 코어 월 구조인 a동은 변형이 덜할 것이다. 이음이 없다면 c동의 경우와 같이 긴 면에 작용하는 바람이 코어 부분에 비틀림 하중을 유발하고 건물이 뒤틀리는 문제를 일으킬 것이다.

자유 가동이음은 증축에도 적용을 한다. 특히 구조 형식이 다르거나 콘크리트가 아닌 경우에 적용하는데, 만일 이음을 두지 않으면 기존 구조물은 신축 구조물로 인하여 추가로 발생하는 하중을 충분히 견딜 수 있어야 한다.

수평 이동이 일어나도록 할 경우에 자유 가동이음을 두어 2중 기둥으로 처리할 수 있는데, 이때에는 전체 기둥의 폭을 일관성 있게 유지하도록 한다(그림 2.8). 이와 같이 폭이

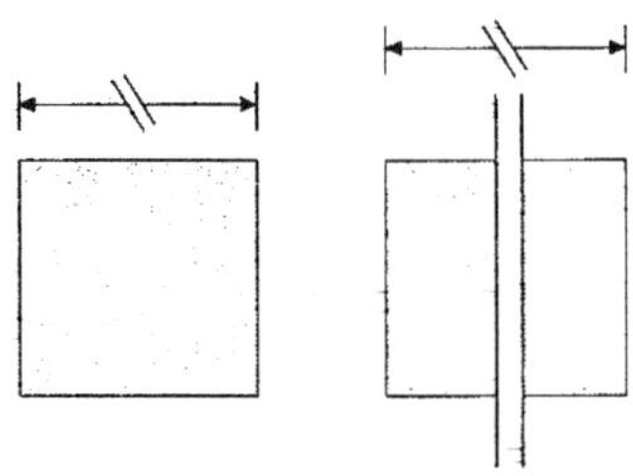

그림 2.8 **가동이음이 설치된 2중 기둥**[39)]

좁아진 기둥은 보다 유연해지므로 수평 방향의 이동량을 더 많이 감당할 수 있지만, 만약 기둥이 원래 세장하게 설계되었으면 이중 기둥을 세우는 것은 현실적인 방안이 아니다. 이 경우에는 다월 철근을 사용하는 미끄럼이음을 채택하는 것이 보다 바람직한 방법이다.

자유 가동이음은 수직 방향의 부등 이동량을 감당하는 데에도 사용한다. 지반의 침하 또는 압밀이 발생할 때에 구조물의 일부가 나머지 부분과 높이 또는 무게가 다를 때가 이에 해당되며, 각 부분의 기초 형식이 상이할 경우에도 수직 방향의 부등 이동량이 발생한다.(그림 2.2). 채굴에 의한 침하가 있는 곳에서도 수직 또는 수평 이동량을 수용하기 위하여 가동이음을 설치할 수 있다.

가동이음이 기초의 수직방향, 회전, 수평방향 이동에 대응하여 설치될 경우 전체 구조물에 대해서 이음을 연속적으로 두는 것이 관례이다. 그러나 온도 변화와 비회복성 건조 수축에 대비하여 지중의 콘크리트에 설치한 이음은 연속하여 둘 필요는 없다. 이는 흙과 접해 있는 부재의 경우 온도 변화가 적고 건조수축도 서서히 일어나기 때문이다. 그러나 아래로 연속되는 슬래브로 이음이 이어지는 다층의 지하층에는 이음을 연속하여 둘 필요가 있다. 또한 이음의 끝단에서 노치 효과로 발생할 수 있는 균열의 위험성도 있기 때문에 연속 부재의 경우에는 이음을 단절시키지 않도록 조심해야 한다(그림 2.9).

비회복성 건조수축을 주로 흡수하기 위해 가동이음을 설치하고자 하는 곳에서는 짧은 구간을 나중까지 콘크리트를 치지 않고 내버려 두면서 가동이음을 설치하지 않는 방법도 검토해 볼 가치가 있다. 그러나 수평 거더 역할을 해주는 바닥 플레이트의 구조적 안정성이 확보되어야 하며, 공사를 담당하는 시공회사의 공정에도 영향을 미치므로 주의 깊게 검토해야 한다.

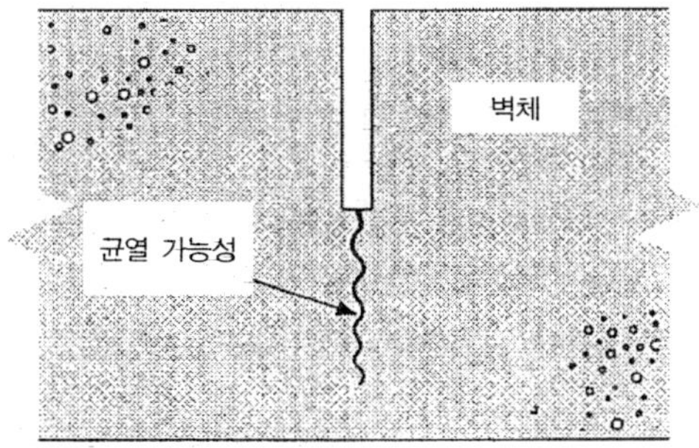

그림 2.9 **단절된 가동이음의 노치 효과**[39]

표 2.5 저수용 구조물에 대한 설계 시 선택 항목[39]

구 분	가동이음의 간격
(1) 연속 완전 구속	이음 없음. 단, 태양열에 노출되는 벽과 지붕 그리고 저장된 액체의 온도 변화가 클 경우에는 넓은 간격으로 자유 가동이음을 설치하는 것이 바람직.
(2) 반-연속 : 부분 구속	a) 자유 수축줄눈 ≤ 15 m b) 부분 엇갈림 및 자유 수축줄눈* ≤ 11.25 m c) 부분 수축줄눈 ≤ 7.5 m
(3) 조밀한 가동이음 간격 : 자유로운 움직임 가능	2번과 같은 3가지 방법이지만 중심 간격은 더 가깝게, BS 규정[10] 부록 A에 따라 계산하고 2번보다 철근을 덜 사용.

주) * 보간법을 적용함.

2.5.2 저수용 구조물

BS 규정[20]에서는 초기 재령의 열 변형과 비회복성 건조수축을 조절하기 위한 저수용 구조물의 이음 설치 방법을 표 2.5와 같이 제시하고 있다. 표 2.5의 3가지 설치 방법과 함께 이음 사이의 균열 제어를 위해 배근하는 보강 철근에 관한 권장 사항도 제시하고 있다[20].

2.5.3 지하 구조물

지하 구조물에 설치한 이음은 누수의 주 요인으로서 콘크리트에 손상을 줄 뿐만 아니라, 보수를 하기에도 쉽지 않은 특징이 있다. 이동량을 허용하면서도 물의 이동은 차단해야 하는 상충되는 요건을 만족해야 하는 가동이음에서는 더욱 중요한 문제이다. 따라서 어떠한 형식으로든 유연한 재질의 방수막 또는 "지수재"가 필수적이다. 2.5.1절에 기술한 바와 같이 가능하면 지하 구조물에서 가동이음을 설치하지 않는 방법 또는 이어치기 없이 일체화된 콘크리트를 시공함으로써 누수를 원천적으로 방지하는 방법도 고려할 필요가 있다[29].

BS 규정[15]은 용도에 따른 지하구조물의 보호 수준을 분류하고 있는데, 1등급(주차장, 전기설비가 없는 기계실 및 작업장)을 제외한 모든 경우에 권장되는 시공 형태는 이 매뉴얼에서 기술한 이음 방법과 동일하다. 또한 설비용 덕트와 출입용 터널과 같은 구조물에 적용하는 방법도 다른 규정에서 다루고 있다[21].

국내의 경우, 도로 터널의 콘크리트 라이닝에는 입출구부에서 20 ~ 30 m의 간격으로 터널 내부에서는 20 ~ 60 m의 간격으로 가동이음(신축이음)을 두도록 하고 있으며, 단면 변화부와 지층의 급격한 변화 구간, 철근과 무근 콘크리트 라이닝의 접합부 등에는 추가로 신축이음을 설치할 수 있는 것으로 규정하고 있다[3]. 한편, 철도용 지하 개착식 박스 구조물은 일반적으로 신축이음이 없는 연속한 구조물로 기준하고, 연약지반으로 인한 부등침하나 지진의 영향이 크다고 생각되는 경우에는 신축이음을 설치할 수 있는 것으로 규정하고 있다[1]. 특히 지하 본체 구조물과 환기구, 출입구 등 부대 시설의 접합부는 상이한 설계 조건 및 외부 온도 변화의 영향 등을 고려하여 접합부에 신축이음을 둘 수 있는 것으로 한다. 한편, 구조물의 시공이음은 길이 방향으로 18 m를 초과할 수 없도록 규정하고 있다[1].

2.5.4 바닥 슬래브(포장)

바닥 콘크리트 슬래브에서 이음을 둘 것인지 두지 않을 것인지는 시공의 성공 여부와 구조물의 성능을 좌우할 정도로 중요한 문제이다. 이음의 손상 정도는 주로 통행 차량의 특성과 교통량에 달려 있는데, 이음의 형식과 간격에 관한 매뉴얼[33]에 기술되어 있는 전형적인 이음의 형태는 그림 2.10과 같다. 지면 바닥 슬래브가 프리스트레싱된 경우에는 이음을 없애도 좋으며, 슬래브 전체가 자유롭게 수축하도록 미끄러운 판지를 깔고 시공하되, 상세에 유의하도록 한다[45].

국내의 경우, 고속국도에 적용하는 콘크리트 포장의 이음을 수축줄눈, 신축이음(팽창줄눈), 시공이음(시공줄눈) 등 3가지로 구분하고 있다[2]. 이음의 간격은 슬래브 두께의 24배를 초과하지 않도록 하고 있으며, 슬래브 폭의 비가 1.25를 초과할 수 없도록 규정하고 있다. 세로이음(세로줄눈)의 간격은 4.5 m 이하로 제한하고 있으며 그 간격은 차로의 폭과 같게 하는 것이 일반적이다. 가로 방향의 신축이음 간격은 시공 시기가 6월 ~ 9월일 때에는 슬래브 두께가 150 ~ 200 mm일 경우에 120 ~ 240 m, 슬래브 두께가 250 mm 이상일 경우에는 240 ~ 480 m 범위를 표준 값으로 한다. 반면, 시공 시기가 10월 ~ 5월일 때에 신축이음의 간격은 6월 ~ 9월일 때의 값에 반을 표준으로 한다. 무근 콘크리트 포장의 가로 수축줄눈 간격은 6 m 이하로 하고, 철근 또는 철망을 사용한 콘크리트 포장의 줄눈 간격은 슬래브 두께가 200 mm 미만인 경우 8 m, 250 mm 이상일 경우 10 m를 표준으로 하고 있다. 그 외의 이음의 규격과 구조는 도로설계요령[2]에서 상세한 기술하고 있다.

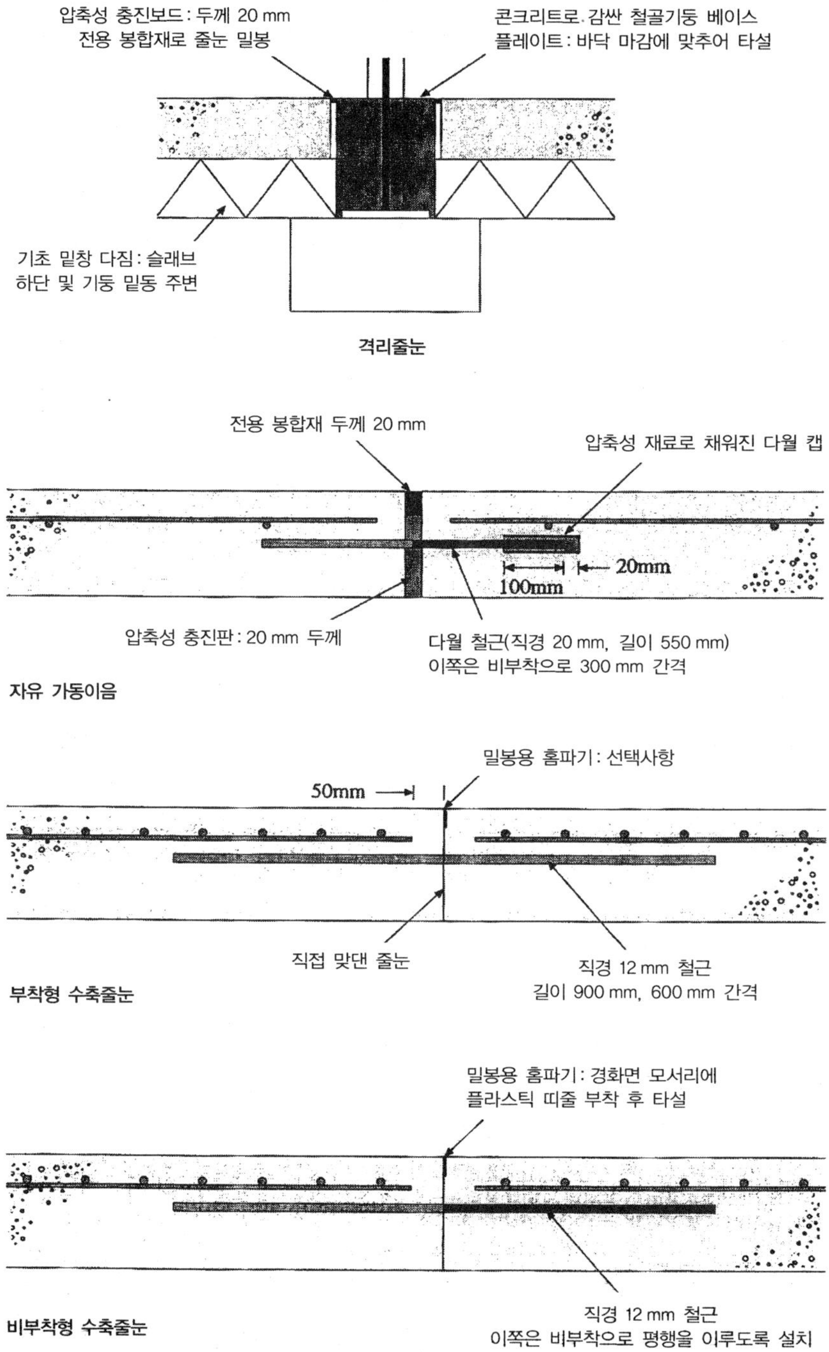

그림 2.10 **지면 바닥슬래브의 전형적인 이음 사례**[39)]

2.6 철근

2.6.1 철근의 사용

가동이음에 철근의 배근 여부와 부착형 또는 비부착형 설계 방법에 대한 결정은 2.3절에 기술한 바와 같이 이음의 기능에 따라 좌우된다. 부착식 철근은 시공이음에서 기본적으로 선택하는 방법이며(4.6절 참조), 구조가 연속이어야 하는 곳에 이음을 가로질러 종방향 단면 전체에 연속된 철근이 배근된다.

부착식 철근은 부착형 부분 수축줄눈에 채택될 수 있다(2.3.3절 및 그림 2.4(c) 참조). 특히 초기 재령의 열 변형과 경화된 후의 건조수축을 받아주려는 목적으로 철근이 덜 들어간 단면을 만들어서 예기치 않은 곳에서 균열이 발생하는 것을 방지하고 이음에서 이동을 수용하도록 한다. 마찬가지로 힌지이음(2.3.5절 및 그림 2.4(g) 참조)은 자유로운 회전이 이음에서 일어나도록 해주면서 축력과 전단력에 대한 강도는 유지하도록 구조적 연속성을 확보한다.

이음을 가로질러 배근되는 비부착 철근은 다월 작용과 함께 이음 면 법선 방향의 이동을 허용하면서 전단력을 전달하는 역할을 한다. 바닥 슬래브에서 비부착형 수축줄눈(그림 2.10)을 설치할 때에 비부착 철근을 적용한다. 또한 2회에 걸쳐 콘크리트를 타설할 때에 발생하는 시공이음을 신축이음 형태로 설치할 때에도 비부착 철근을 사용한다. 이러한 이음면은 수평 이동을 수용하면서 전단력을 주로 지지하는 위치여야 한다. 예를 들면 기존에 시공된 두 계단 벽체 사이에 계단참을 새로 시공하는 경우(그림 2.11(a)), 또는 2개의 구조물 사이에 통로용 슬래브를 시공하는 경우(그림 2.11(b))가 이에 해당된다.

이때 철근은 이음의 한쪽을 비부착으로 배근하여 철근과 콘크리트 사이에 상대적으로 자유로운 이동이 허용되도록 한다. 철근은 이동 방향과 평행하도록 제 위치에 배근해야 하고, 콘크리트 타설 중에 비뚤어지거나 밀려나지 않도록 잘 고정시켜야 한다.

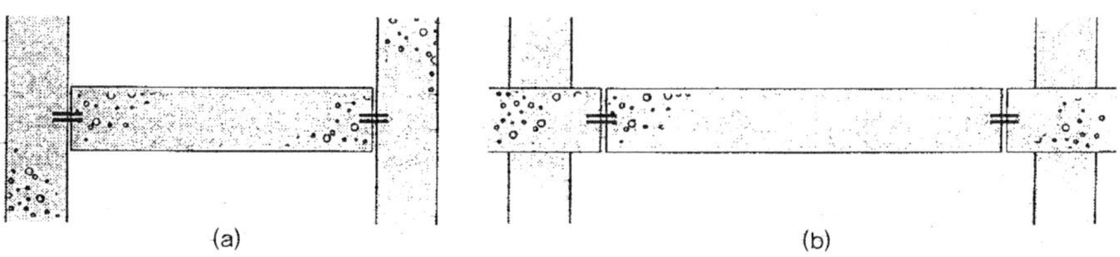

그림 2.11 **지상 구조물에서 비부착형 이음의 일반적 위치**[39]

2.6.2 다월 철근의 설계

가벼운 하중을 부담하는 바닥 슬래브의 경우, 부착형 수축줄눈은 슬래브 철근만 사용하여 형성될 수 있다. 이때 1단으로 슬래브 하면에 가깝게 격자 배근함으로써 상면에 주로 발생하는 건조수축에 의한 균열이 계획된 줄눈에 집중되도록 한다.

보다 큰 하중을 부담하는 바닥 슬래브의 경우, 즉 철근이 보강된 두꺼운 슬래브에서는 격자 철근보다는 다월 철근을 적용하는 것이 바람직하다. 격자 철근은 이음의 양쪽에서 모두 부착형으로 정착되기 때문에 구조물의 이동을 허용하는 이음에는 적합하지 않다[33]. 바닥 슬래브 외의 구조물 내에서 전단력을 전달하는 다월 철근은 구조계산을 통하여 설계해야 한다. 다월 철근의 마찰 값에 대한 자료는 흔하지 않으나, 스테인리스 합금 간의 마찰계수는 약 1.0, 일반 저탄소강의 마찰계수는 0.7 ~ 0.8 정도의 범위인 것으로 알려져 있다[13].

전단력을 받는 다월 철근의 거동은 지중의 말뚝이 횡방향 하중을 지지하는 거동과 유사하다. 전단에 의하여 다월 철근에 휨모멘트가 발생하고, 콘크리트의 표면에는 지압응력이 생긴다. 이로 인하여 철근이 항복하거나(철근 직경이 작은 경우) 콘크리트가 손상된다(철근 직경이 큰 경우). 따라서 다월 철근의 매입 길이를 철근 직경의 8배 이상[28]으로 하고, 다월 철근을 콘크리트 표면으로부터 철근 직경의 8배 이상 이격시켜 콘크리트가 원뿔형 파괴로 손상되는 것을 방지하는 것이 바람직하다.

다월 철근이 배근된 이음의 허용 전단변위는 철근 직경의 1/10 이하로 규정하고 있다[28]. 이때 주어진 하중은 한계상태이며, 만약 D19 철근을 다월 철근으로 설계한 경우, 2 mm의 변위를 허용하는 것이다. 사용하중 하에서는 더 작은 변위를 허용하는데, 고정하중 1.2 및 활하중 1.6의 하중계수를 고려하면, 사용하중 하에서의 허용 변위는 대략 2 mm를 평균 하중계수 1.4로 나눈 값, 즉 1.4 mm로 이는 대략 계산한 값이다.

다월 철근은 인접한 콘크리트에 올바르게 정착되어야 한다. 따라서 다월 철근을 띠철근으로 보강하는 등의 철근 상세는 면밀한 설계 검토를 통하여 결정하도록 한다.

2.6.3 내구성

틈을 갖고 있는 개방형 이음에서는 철근이 노출될 수 있으므로 부식에 더욱 취약하다. 또한 노출된 철근은 파손의 위험이 커지고 교체도 어렵기 때문에 스테인리스나 인청동(燐青銅)처럼 녹슬지 않는 재질의 철근을 사용하는 것이 바람직하다. 철근이 노출되어 있으면 코팅된 탄소강을 사용하는 것도 올바른 선택이 아니다. 그 이유는 가동이음의 이동에 의하여 철근 표면에 반복적인 마찰이 작용하여 접촉면의 코팅이 쉽게 손상되기 때문이다.

2.7 지수재

이음의 차수공은 지수재를 이용하여 물을 차단할 수 있는 띠를 형성하는 공법으로 지하 구조물 또는 지하층 공사에 적용한다. 특히 신축이음과 같은 가동이음에는 지수재의 적용이 필수적이다. 시공이음의 경우, 지수재의 적용 효과에 대하여 논란이 있어 왔는데, 특히 콘크리트 단면 내에 지수재를 적용하는 문제에 대하여는 부정적인 견해가 일부 제기되고 있다.

지수재를 적용할 경우, 차수를 할 수 있는 물리적인 장벽을 제공하여 누수 저항성을 이음부 콘크리트의 일체성에만 의존하지 않도록 하는 긍정적인 측면이 있다. 반면, 지수재를 시공이음에 적용할 경우에는 시공 중에 일어나는 손상에 취약하고, 지수재의 파손을 우려하여 콘크리트 타설 전에 철저한 이음 표면 준비를 하지 못할 수 있는 부정적인 측면도 있다. 또한 지수재 부근의 콘크리트를 충분히 다짐하기 어렵고, 단단히 고정시키지 못하면 타설 중에 위치가 변하여 콘크리트에 곰보가 생기는 등 품질이 저하되어 차수공을 적용하지 않은 이음보다 오히려 누수 위험이 더 커질 수 있는 부정적 견해도 있다.

실제로 시공이음에 차수공을 적용하여 누수와 관련된 문제가 발생한 사례도 있고, 누수 문제를 성공적으로 해결한 사례도 있다. 따라서 시공이음을 철저히 시공한 경우, 차수공이 반드시 필요하지는 않다고 권장하는 해외의 규정[20]도 있다. 결과적으로, 시공이음에 지수재를 적용하였을 때의 효과를 단정적으로 기술하기는 어려우나, 이를 적용할 경우 현실적이고 타당한 상세를 설계에 반영하고, 특히 시공이음의 콘크리트 표면 마무리를 할 때에 콘크리트에 충분한 다짐을 하고 지수재 위치를 견고히 고정하는 것과 같은 우수한 시공 능력과 숙련된 감독의 능력을 확보하여 고품질의 시공이음을 설치하는 것이 가장 바람직한 방법이다.

가동이음으로 설치된 영구 차수벽 시공이음의 양측 콘크리트에 정착시키는 공법이 수동형 지수재 공법이고, 부착형 수축줄눈으로 설치된 시공이음에 물을 만나면 팽창하는 수팽창 지수판을 두는 공법이 팽창형 지수재 공법이다.

2.7.1 수동형 차수공

수동형 차수공에는 흔히 고무질 또는 염화폴리비닐(PVC) 제품이 여러 가지 단면 형태로 사용되며(그림 2.12 참조), 아연도금된 철제 또는 동제품 지수재가 드물게 사용되기도 한다.

수동형 차수공에는 콘크리트 외부 표면에 지수판을 설치하는 방법과 콘크리트 내부에 지수판을 삽입하는 방법 등 2가지가 있다. 외부 지수판을 사용하는 경우, 지하 구조물의 콘크리트 표면과 같이 외부압력이 작용하는 면에 설치해야 효과가 있다. 내부 지수판을 적용하는 공법은 수압에 대하여 효과적으로 대처할 수 있는 장점이 있는 반면, 지수재 주변에 콘크리트 다짐이 부실한 경우에는 누수에 더욱 취약해지는 단점이 있다. 또한 슬래브처럼 수평 방향으로 설치되는 시공이음에는 적용하지 않는 것이 바람직하다. 지수재의

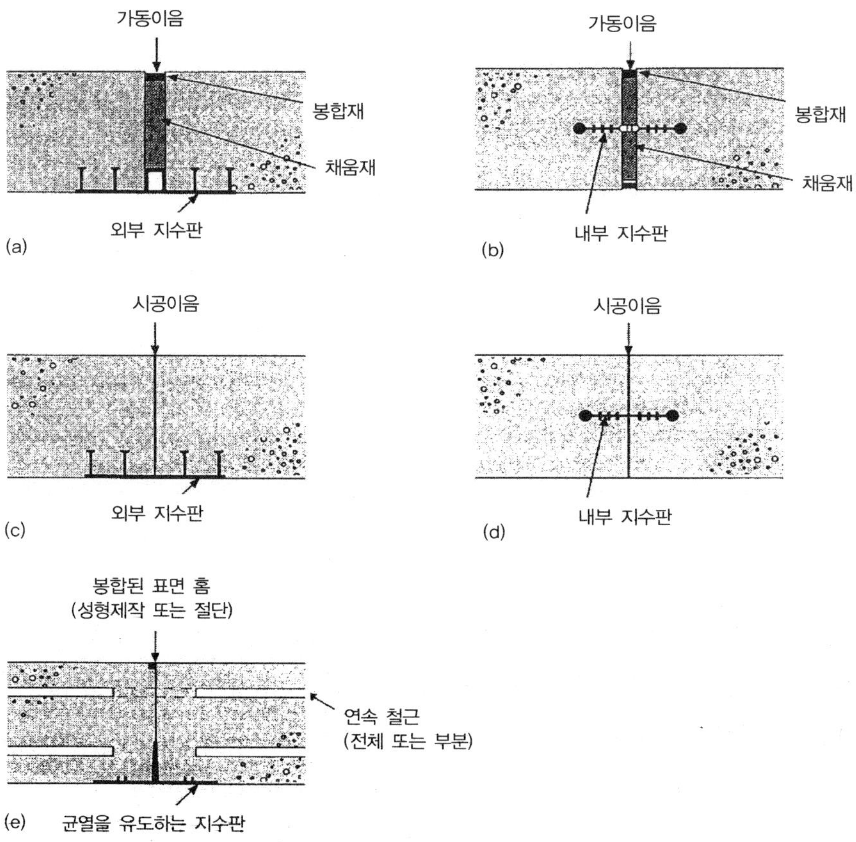

그림 2.12 **수동형 차수공의 형식**[39)]

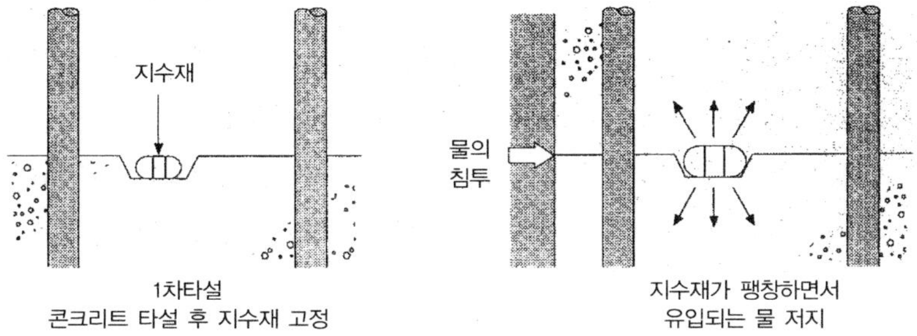

그림 2.13 **팽창형 지수재의 적용 원리**[39)]

차수 효과를 얻기 위해서는 시공이음의 양측 콘크리트에 견고히 고정해야 하는데, 외부 지수판은 거푸집에 못으로 박아 고정하고 내부 지수판은 철근에 결속하여 고정하는 것이 일반적인 방법이다.

그림 2.12(a)와 (b)에 나타낸 바와 같이 지수판에 있는 벌브(bulb)는 신축이음, 미끄럼이음 같은 가동이음 또는 비부착형 수축줄눈 등에 사용되어 지수재가 손상되지 않도록 종방향 미끄럼 이동량을 받아주는 역할을 한다. 그림 2.12(c) 및 (d)와 같이 벌브가 없는 수동형 지수판은 큰 이동량이 없는 부착형 수축줄눈에만 사용하는 것이 바람직하다. 그림 2.12(e)의 균열 유도형 지수판은 지면에 접한 바닥 슬래브와 같은 구조물의 균열 제어를 목적으로 사용한다. 대부분의 수동형 차수공은 지수판 표면을 따라 유입되는 물의 통로를 길게 하기 위하여 지수판의 양측에 날개형 돌출부를 덧붙여 제작한다.

2.7.2 팽창형 차수공

팽창형 차수공에 사용하는 수팽창성 지수재는 친수성 재료를 혼합한 합성고무 재질로서 인접 콘크리트를 타설하기 전에 시공이음 면에 고정시키는 방법으로 설치한다. 물과 접촉하면 재료의 부피가 팽창하여 물을 차단하는 효과를 나타내는데, 물과의 반응이 조기에 일어나지 않으면 초기에 누수가 일어날 수 있는 단점이 있다. 또한 부착형 수축줄눈 속에 영구적으로 내장시켜 사용하므로 다른 가동이음에 사용하는 것은 적절하지 않다. 팽창형 지수재는 물과 닿지 않으면 수축하였다가 물에 노출되면 다시 팽창하는 특성을 갖고 있다. 부풀어 오르는 양은 물의 화학 성분에 영향을 받으나 일반적으로 이음을 봉합할 수 있는 정도로 팽창한다.

특히 수영장처럼 지속적으로 습한 구조물의 차수에 유리하며, 이미 타설된 콘크리트에 지수재를 설치할 수 있기 때문에 기존 구조물 또는 콘크리트에 신설 구조물을 연결할 때에 효과적이다. 그림 2.13은 팽창형 지수재의 한 예로서, 지수재가 팽창하면서 이음의 콘크리트 모서리를 손상시키지 않도록 철근 위치의 내측에 설치한다.

콘크리트 타설 전에 물이 유입되어 지수재가 지나치게 팽창하면 팽창형 지수재로서의 역할을 할 수 없기 때문에 우수와 같은 물로부터 지수재를 보호해야 한다.

2.8 봉합재와 이음 채움재

2.8.1 봉합재

봉합재는 콘크리트의 팽창·수축으로 발생하는 이음의 이동에 순응하고, 콘크리트와 잘 부착하며, 물에 녹지 않고 방수성이며, 고온 시에 유출되지 않고 저온 시에도 충격에 잘 견디며, 토사 등의 침입을 막고 내구적인 것을 선택해야 한다[3]. 또한 저수용 구조물, 지하 구조물, 방수 구조물 등 구조물의 기능과 현장 여건을 고려하여 적합한 봉합재를 사용하도록 한다[19),30)]. 하수, 해수의 영향 및 마모 저항성 평가에 관해서는 관련 자료가 부족하기 때문에 면밀한 검토 후에 봉합재를 선정하도록 요구하고 있다[32)]. 봉합재가 수질에 미치는 효과에 대해서도 검증 결과가 부족하기 때문에 음용수와 인접한 구조물 또는 환경적으로 중요한 구조물의 경우에는 봉합재의 선택에 주의를 기울여야 한다[32)].

봉합재의 선택 및 시공에서 고려해야 할 핵심 사항은 다음과 같다[19),30),32),31)].

- 이음 성능을 만족시킬 수 있는 필수적인 사항을 고려함. 특히 이동량의 발생 원인, 방향 및 크기를 평가하여 반영함.
- 봉합재와 함께 사용하는 이음 채움재 등을 동시에 고려하여 선정함.
- 콘크리트의 청결을 확보하기 위하여 필요한 곳에는 프라이머를 도포하고, 콘크리트 표면에 완전히 접착하도록 시공함.
- 흐르거나 묻어 나와 인접한 콘크리트를 오염시키지 않는 제품을 선택함.

2.8.2 이음 채움재

가동이음의 기능, 즉 구조물의 이동을 부담한다는 측면에서는 채움재를 사용하지 않는 것이 가장 이상적이다. 그러나 이물질이 이음의 틈을 막아 가동이음의 기능을 저하시키거

표 2.6 일반 이음 채움재에서 50 % 압축변형률이 발생하는 데 필요한 압축응력[19]

재 료	50 % 압축변형률 발생에 필요한 응력(MPa)
목재 섬유질/역청	0.7 ~ 5.2 또는 그 이상
역청/코르크	0.7 ~ 5.2
코르크/레진	0.5 ~ 3.4
발포 플라스틱 및 고무	0.07 ~ 0.34
광물성 섬유 또는 합성섬유	다짐 정도에 의존

나 이음의 표면 또는 지수재에 손상을 입히지 않도록 하기 위해서는 채움재를 사용해야 한다. 2.4절에 기술한 바와 같이 이음부의 방음, 단열, 내화 그리고 봉합재의 백업용으로도 채움재가 필요하다.

이음 채움재의 재질은 팽팽하면서 탄력성이 있고 얼룩이 생기지 않으며 이음에서 밀려 나오지 않아야 한다. 또한 봉합재와 함께 사용했을 때에 문제가 없어야 한다[14]. 이음 채움재를 압축시키려면 압축응력이 발생되어야 하는데, 일반적으로 사용되는 이음 채움재에 50퍼센트의 압축변형률이 발생하는 데 필요한 압축응력은 표 2.6에 나타낸 바와 같다[19].

2.9 이음의 설계 상세

이음의 상세는 되도록 단순하고 현실적으로 시공이 가능하며 견고하게 설계한다. 또한 모든 철근에 적절한 피복두께가 확보되어야 하고 지수재를 사용할 때에는 설치가 용이한 상세여야 한다. 이음 단면은 봉합재와 프라이머, 받침용 스트립, 이음 채움재 및 제거용 테이프 등 부속품이 들어갈 만큼 폭과 깊이가 충분해야 하며, 점검 및 유지 관리가 가능하도록 접근이 용이해야 한다. 이음의 폭은 선정된 봉합재의 적정 이동 범위에 적합해야 하며, 시공 완료 시에는 물론 예상되는 최대 이동량이 발생했을 때에도 봉합재가 탈락하지 않는 범위로 설계한다. 콘크리트 표면 마감이 이루어지는 곳에서는 마감에 의하여 이음의 기능이 손상되지 않도록 한다.

03 장

가동이음 : 현장 실무

3.1 이음 설치 시 요구 조건

가동이음을 설치할 때에는 다음의 요구 조건을 준수해야 한다.

- 양질의 콘크리트 제조를 위한 철저한 품질관리, 충분한 다짐, 정확한 치수로 시공.
- 이음 틈새를 정확한 치수로 시공.
- 부족한 철근의 피복두께는 철저히 보강. 소요 정착길이를 준수하고 제 위치에 견고히 고정.
- 지수재와 이음 채움재의 일체화.
- 봉합재의 철저한 시공.

일반적으로 현장 시공에서 요구되는 사항을 준수하고, 콘크리트 시공을 위한 재료 및 제조와 관련된 시방을 준수하여 이음을 설치한다[7].

3.2 거푸집 공사

일반적으로 이음 양측의 콘크리트는 분할하여 타설하는데, 이를 동시에 타설할 경우에는 이음 채움재가 제 위치를 이탈하지 않도록 특별한 주의를 기울여야 한다. 또한 이음 면이 제 위치에 시공될 수 있도록 이음 면을 지나서 거푸집을 연장하여 설치하는 것이 바람직하다. 시공 관리를 철저히 하여 봉합재나 이음 채움재가 일정한 두께를 유지하면서 삽입되도록 하며, 노출된 면이 바르게 정렬되어 양호한 외관을 갖도록 한다(그림 3.1).

이음 면을 형성하는 거푸집은 정확한 위치에 거치하여 소정의 상세 치수로 콘크리트가 정확히 타설되도록 해야 한다. 자유 가동이음이나 신축이음의 경우에는 이음 면 거푸집의 두께를 이음의 폭과 동일한 치수로 제작하여 사용할 수 있다.

이음 면을 형성하는 거푸집의 1 : 8 ~ 10 정도의 기울기로 모서리가 제거된 각재를 콘크리트 표면부에 설치하면 거푸집을 제거할 때 타설된 콘크리트의 모서리가 탈락하는 것을 방지할 수 있다(그림 3.1(a)). 발포 폴리에틸렌(스티로폼)과 같이 치수가 일정하지만 압축성이 있는 재료를 거푸집 면에 설치하는 것도 대안이 될 수 있다.

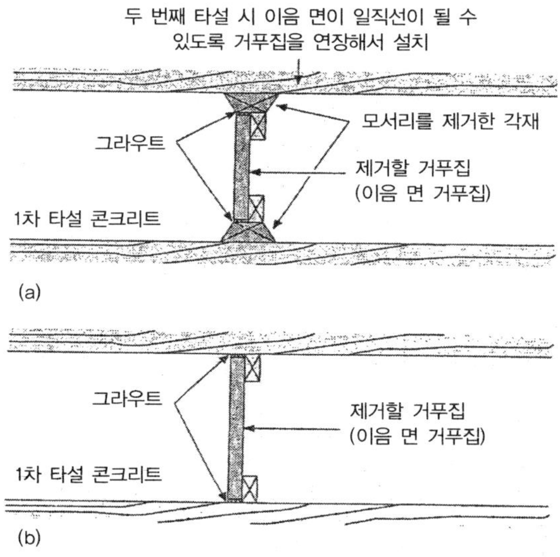

그림 3.1 정확한 이음 시공을 위하여 연속된 거푸집[39)]

3.3 철근

3.3.1 일반 사항

이음을 통과하지 않는 철근은 소요의 내구성을 확보할 수 있도록 모서리의 피복 두께를 충분히 갖도록 한다. 이음을 통과하는 철근은 후 타설 콘크리트에 부착시키거나 비부착형으로 설계된다. 일반적으로 현장 시공에서 요구되는 사항을 준수하여 철근을 다루어야 하며 일정 기간의 노출이 불가피한 경우에는 부식 방지 처리를 하거나 스테인리스, 에폭시 코팅, 아연도금 등의 철근을 사용한다. 후 타설 콘크리트에 부착되는 철근은 근본적으로 시공이음 철근과 같은 범주에 있으므로 5장에서 다루기로 한다.

3.3.2 비부착형 철근

비부착형 철근을 배근하기 위해서는 철근에 부착 방지용 박리제를 도포하거나 플라스틱 슬리브 속에 철근을 삽입하는 방법이 있다. 또는 금속제 고정식 튜브에 철근을 삽입하여 비부착형 철근을 배근할 수도 있다.

철근과 그 주위를 둘러싼 콘크리트와의 마찰을 최소화시키는 것이 비부착형 철근의 목적이기 때문에 원형 철근을 사용하는 것이 적합하다. 철근을 절단할 때에는 톱으로 잘라 절단면이 매끄럽게 되도록 해야 하며, 커터를 이용하여 부러뜨리는 방식과 같이 절단면이 거칠게 되는 방법을 사용하는 것은 부적절하다. 만약 박리제나 마찰력이 적은 캡을 사용할 경우, 이형 철근은 콘크리트와 서로 기계적으로 맞물리게 되므로 유의해야 한다. 또한 고정식 튜브에 삽입된 이형 철근에 전단력이 작용하면 철근의 돌출부에 국부적인 압력이 발생하여 철근이 튜브 속으로 파고 들어가면서 서로 맞물리는 현상이 발생할 수 있으므로 이를 고려하여 설계·시공해야 한다.

1) 도막형 박리제

비부착형 철근에 도포하는 박리제로 펜 값 200인 역청 66 퍼센트, 연한 크레오소트유 14 퍼센트와 나프타 솔벤트 20 퍼센트를 혼합한 역청 재료를 사용하는 효과적인 것으로 알려져 있다[33),47)].

2) 저마찰 쉬스

비부착형 철근에 도포하는 부착 방지용 박리제 대신에 저마찰 쉬스(플라스틱 슬리브)를 사용할 수 있다[33]. 연구 결과[42]에 따르면 저마찰 쉬스가 0.25 mm 미끄러질 때 부착응력이 0.03 ~ 0.17 MPa이며, 박리제를 도막한 철근은 동일한 조건에서 부착응력 0.10 ~ 0.15 MPa인 것으로 나타났다. 따라서 저마찰 쉬스를 사용하는 것이 부착 방지용 박리제를 도막한 철근을 사용하는 것에 비하여 유리하다. 국내에서는 콘크리트 도로 포장 이음의 다월 철근에 부착 방지재를 씌우도록 하고 있으며[5], 영국[36]에서는 도로 포장이음의 다월 철근에 얇은 (최대 두께 1.25 mm) 플라스틱 시트를 사용하도록 규정하고 있다. 부착 방지재의 대체재를 사용할 때에는 0.25 mm 미끄러질 때 부착응력이 0.14 MPa 이하인 자재를 선택해야 한다. 양호한 품질의 기성제품을 대량으로 사용할 수 있기 때문에 부착방지재로 저마찰 쉬스를 적용하는 공법이 박리제를 도막한 철근을 사용하는 공법에 비하여 작업시간 측면에서도 유리하다.

3) 금속제 튜브

그림 3.15는 다월 철근 삽입용 금속관의 예로써, 관 속에 철근을 삽입하여 이음 면 법선 방향으로의 이동을 허용한다. 또한 이음 면 방향으로의 수평 이동도 허용할 경우에는 타원형 또는 직사각형 튜브를 사용하면 된다. 이음에 물 또는 부식 유발 물질이 침투할 것에 대비하여 스테인리스강 재질로 제작된 금속관을 사용하는 것이 일반적이다.

3.3.3 다월 철근의 배근

비부착형 다월 철근이 이음의 전면에 걸쳐 완전한 평행을 이루지 않는다면, 마찰력 등의 외력이 작용하여 가동이음의 기능이 손상되고 철근에는 예기치 못한 추가 응력이 발생한다. 영국의 경우[36], 슬래브의 가동이음에 적용하는 다월 철근 위치의 허용 오차를 규정하고 있다. 슬래브 타설 전에 이음 내의 모든 철근은 철근 연장 300 mm당 오차가 ±3 mm 이내여야 하고, 모든 철근의 2/3는 철근 연장 300 mm당 오차가 ±2 mm 이내여야 한다. 슬래브 타설 후의 허용 오차는 슬래브 타설 전에 규정한 값의 2배로 두고 있으며, 계획된 이음 면으로부터 모든 철근이 ±25 mm 오차 범위 이내로 균등하게 배근되어야 한다.

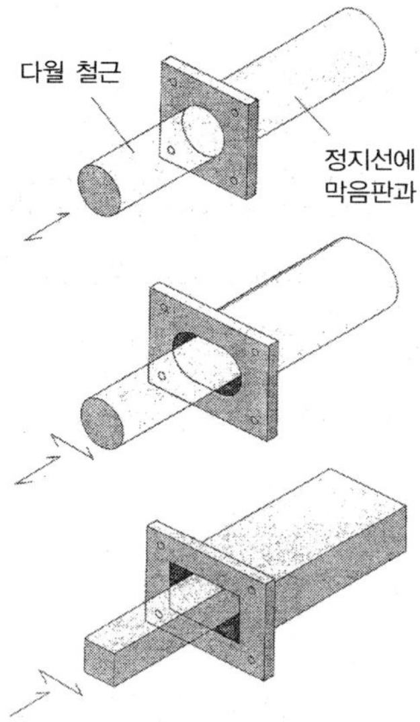

그림 3.2 **다월 철근 삽입용 금속관의 예**[39]

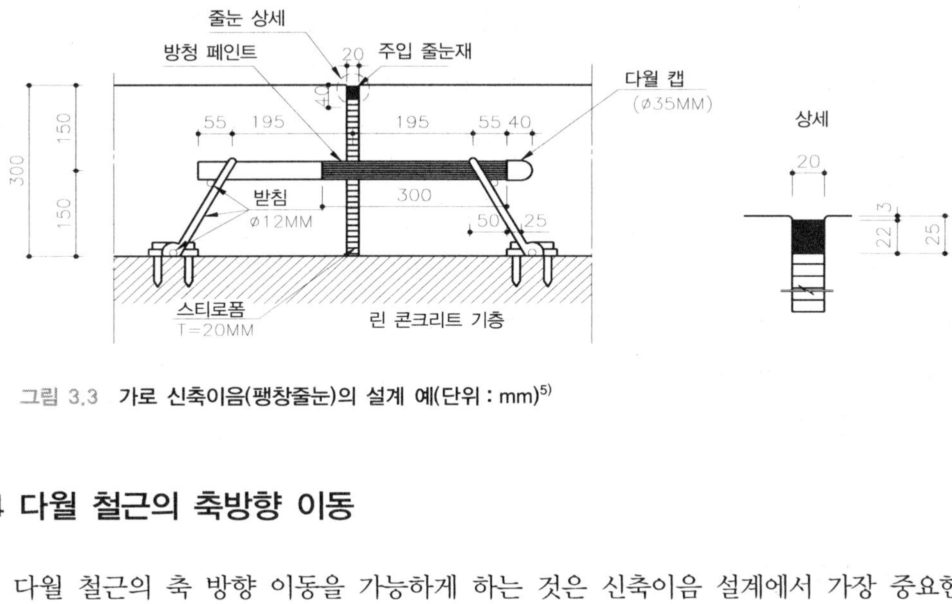

그림 3.3 **가로 신축이음(팽창줄눈)의 설계 예(단위 : mm)**[5]

3.3.4 다월 철근의 축방향 이동

다월 철근의 축 방향 이동을 가능하게 하는 것은 신축이음 설계에서 가장 중요한 사항이다. 그림 3.3[5]에 나타낸 바와 같이 국내에서는 콘크리트 도로 포장 이음의 다월 철근 끝단에 캡을 씌워서 철근이 축 방향으로 자유롭게 이동하도록 하고 있다. 영국[36]에서도 100 mm 길이의 다월 캡을 철근의 한쪽 끝에 설치하고, 이음 채움재의 두께보다 10 mm 긴 공간을 캡의 끝단과 다월 철근의 끝단 사이에 만들어서 철근이 축 방향으로 자유롭게 이동하도록 규정하고 있다.

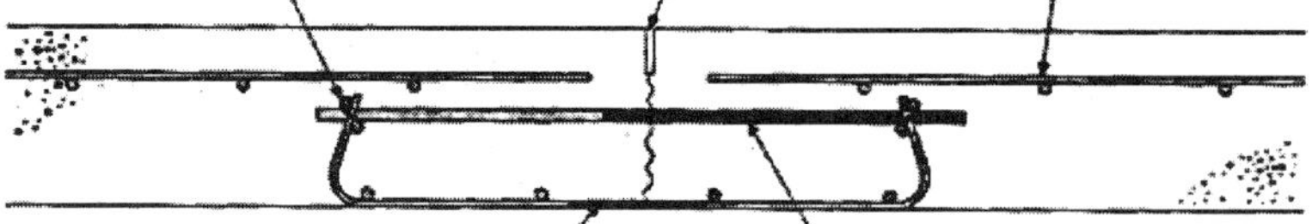

그림 3.4 **수축줄눈에서 다월 철근을 지지하는 받침대**[39)]

3.3.5 시공중 다월 철근의 지지

콘크리트 타설 전에 다월 철근을 바르게 정렬시키고 튼튼히 고정하여 콘크리트 타설 및 다짐 시 위치 변동이 생기지 않도록 다월 철근을 견고히 지지해야 한다. 이음의 양측을 동시에 타설할 것인지, 아니면 2회에 걸쳐 분할 타설할 것인지에 따라 낱개의 철근을 지지하는 방법을 달리해야 한다. 일반적으로 철물 받침대를 철근의 양 끝부분에 두어 2개 지점에서 철근을 지지하는데, 그 형상은 그림 3.4에 나타낸 바와 같다[33)].

플라스틱제 연결 슬리브를 이용한 받침대는 신축이음에도 적용할 수 있다. 이때 받침대는 이음의 양측에 놓인 철근을 각각 고정한다. 이 방법은 받침대를 한쪽 면, 즉 슬래브의 하면 피복에 의지하여 고정시키므로 내구성과 외관 면에서 바람직하지 않다.

외관이 문제가 되는 노출 위치에서는 스테인리스강 재질의 기성 제품 받침대를 사용할 수 있다. 이러한 기성 제품은 일반적으로 신축이음과 미끄럼이음용으로 판매되며, 거푸집 단부에 붙일 수 있도록 고안된 고정용 플레이트 등의 장치가 있기 때문에 철근을 확실히 고정하는 장점이 있다.

3.4 콘크리트 타설

3.4.1 일반 사항

이음의 콘크리트를 타설할 때에는 다월 철근, 홈, 모따기 주변의 콘크리트 다짐을 충분히 해야 하며, 지수재와 다월 철근 그리고 그 부속 자재에 손상을 입히기나 위치 변동이 발생하지 않도록 한다. 콘크리트를 타설할 때에 특히 유의해야 하는 사항은 다음과 같다.

- 이음부에 콘크리트를 낙하시키거나 펌프로 직접 뿜칠하면 안 되고, 0.5 m쯤 이격된 위치에 콘크리트를 타설한 후 진동기 등을 이용하여 조심스럽게 이음이 있는 곳까지 콘크리트를 이동시킨다. 이때 이음부의 자재가 흐트러지지 않도록 주의한다.
- 콘크리트 타설 시 기포가 생기지 않도록 해야 하는데, 특히 수평으로 배치된 내부 삽입 지수판의 하단에 공극이 발생하지 않도록 주의한다.

3.4.2 표면 홈파기

수축줄눈에 표면 홈파기를 함으로써 균열이 발생하도록 유도하는데, 국내[5]에서는 콘크리트 도로 포장의 가로 수축줄눈의 경우, 홈파기의 깊이를 슬래브 두께의 1/4 이하로 추천하고 있으며 영국[33]에서도 홈파기의 깊이를 부재 전체 두께의 1/4 이하로 추천하고 있다.

홈파기에는 여러 가지 방법이 있으며 다음과 같다.

- 철재 또는 플라스틱제 균열 유발 스트립을 거푸집에 고정시키거나 바닥 슬래브처럼 거푸집이 없는 면에는 굳지 않은 콘크리트에 삽입할 수 있다. 굳지 않은 콘크리트에 스트립을 끼워 넣을 경우 콘크리트가 경화되기 전에 시공해야 한다. 또한 스트립 주변에 틈이 생기지 않고 콘크리트가 충실히 채워져 깔끔한 표면 마무리가 되어야 한다. 이 방법은 거푸집 없이 설치하는 이음이나 1회 타설로 넓은 구간을 한꺼번에 만들어야 하는 바닥 슬래브의 이음 또는 선형이 정밀하지 않아도 되는 부위에 설치하는 이음에 적합하다.
- 목재 끼움판을 거푸집에 사용하는 방법도 있다. 콘크리트가 경화된 후에 끼움판을 제거하려면 이음 면으로의 접근이 용이해야 하며, 뽑아낼 수 있는 손잡이가 있어서 거푸집에 손상을 주지 않고 제거할 수 있어야 한다.
- 커팅 홈파기는 콘크리트가 경화된 후에 하되, 열 또는 수축 변형이 생기기 전에 시공해야 한다. 일반적으로 타설 후 8~72시간 이내에 홈파기를 한다. 이음의 하단(바닥)에 균열 유발 장치를 두었다 하더라도 상부 표면의 커팅이 신속히 실행되지 않을 경우, 균열이 발생할 가능성이 매우 커진다. 이 방법은 바닥 슬래브에서 거푸집 없이 수축줄눈을 만들 때 적절하며, 이 방법에서는 정확한 위치에 홈파기를 하는 것이 가장 중요하다. 그렇지 않으면 홈파기를 하면서 상부 철근을 손상시킬 수 있다. 홈파기 커팅을 지나치게 초기 재령에 하면 굵은 골재가 탈락되는 손상이 발생할 수 있고, 타설 후 시간이 72시간 이상 경과한 후에 커팅을 하면 초기 균열을 예방하지 못하게 된다.

3.5 지수재

지수재는 정확한 위치에 설치해야 하고 콘크리트 타설 전과 타설 중에 단단히 고정시켜야 한다(5.4절 참조). 누수가 발생했을 때 그 원인을 찾거나 이를 보수하는 일은 매우 어려운 일이므로 콘크리트 타설 전부터 지수재에 손상이 없도록 철저히 관리해야 하고, 특히 철물 등을 고정하기 위하여 지수재를 손상시키는 일이 없도록 해야 한다.

지수재는 이음 전 구간에 걸쳐 연속적인 차수벽을 만들어야 한다. 이를 위하여 접합용 자재, 접착제, 용접 등을 이용하여 이음을 연속적으로 밀봉하도록 시공한다. 지수재 공급업체의 자문을 얻어 지수재 상세 도면과 함께 필요한 자재를 공급 받는 것이 바람직하다.

최근에는 1차 타설 후에 접착제로 붙이는 팽창형 지수재가 많이 쓰인다. 대부분 타설된 콘크리트 면에 만든 홈에 설치하여(그림 3.5) 철근을 배근하고 콘크리트를 타설하는 동안 발생할 수 있는 예기치 못한 충격으로부터 보호할 수 있다.

3.6 이음 채움재와 봉합재

일반적으로 채움재는 콘크리트 타설 후에 생긴 이음면에 고정시키고 봉합재는 마감작업을 하면서 시행한다. 채움재는 보통 판재의 형태로 되어 있으며, 치수 안정성, 화학 작용에 대한 불활성, 내부식성, 신축이음 사용 시 압축성 등을 갖고 있는 재료를 사용해야 한다. 채움재는 다양한 기성 제품이 나와 있으며, 대부분 폴리에틸렌 등 플라스틱 재질이거나 역청을 입힌 섬유질 판재이다. 후 타설 콘크리트를 시공하기 전에 채움재를 제 위치에 고정시킨다.

3.7 유지 관리

3.7.1 콘크리트

유지 관리에 특별히 관심을 두어야 할 부위는 바닥 슬래브의 이음이며, 특히 지게차 및 대형 차량이 주행하면서 문제가 발생할 수 있다. 지속적으로 응력을 받는 직각 모서리(그림 3.5(a))는 쉽게 손상되므로 이음을 좁게 만들고 변형에 강한 봉합재로 평탄한 표면을 만

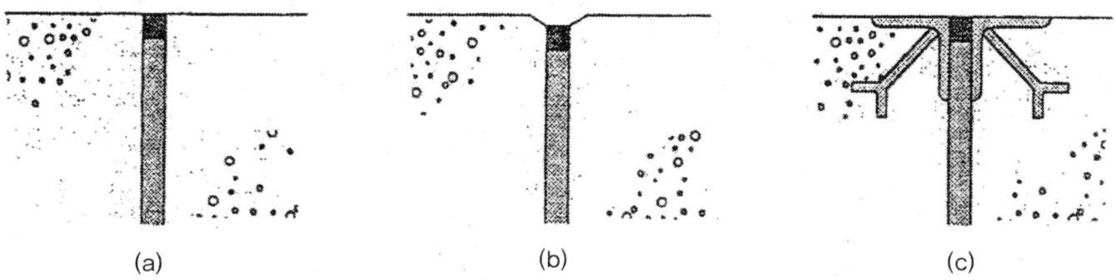

그림 3.5 슬래브의 모서리 상세[39)]

들어 주는 것이 이상적이다. 이음 모서리에 모따기를 두는 방법(그림 3.5(b))과 철재 앵글을 심는 방법(그림 3.5(c))도 있다.

3.7.2 지수재

지수재는 이음을 해체해야 접근할 수 있으므로 유지 관리가 쉽지 않다. 따라서 지수재를 선택하는 단계부터 지수재를 설치할 때까지 구조물과의 일체성을 확보하도록 각별한 주의를 기울여야 한다.

3.7.3 이음 채움재와 봉합재

이음 채움재 또는 봉합재의 손상으로 보수 비용이 늘어나는 사례가 발생할 수 있으므로 정기 점검을 통한 유지 관리를 하는 것이 바람직하다. 따라서 이음의 점검과 봉합재 보수를 위하여 접근을 용이하게 설계해야 한다.

04 장 시공이음 : 설계 고려 사항

4.1 기능

시공이음은 구조물의 시공 과정에서 반드시 필요하고, 관리가 가능한 단면으로 콘크리트 구조물을 시공을 할 수 있게 해준다. 시공이음은 시공 및 타설 공정에 맞추어 적기에 만들어야 한다. 시공이음에 대한 일반 사항 및 관련 시방은 콘크리트 표준시방서[7]의 제2장 3.6절에 기술되어 있다.

시공이음은 이음부에 상대적인 이동량이 존재하지 않는 점에서 가동이음과 차이가 있다. 또한 시공이음의 목적은 콘크리트 구조가 이음에서 큰 강도 저하가 발생하지 않고 일체로 거동하게 만드는 것이다. 이는 철근과 콘크리트가 이음에서 연속이어야 함을 의미하며, 특히 철근의 이음, 타설된 콘크리트의 올바른 면 처리 등을 통하여 새로 타설한 콘크리트와 일체성을 확보한다.

그래서 소요 강도의 발현은 항상 시공이음의 주된 고려 사항이며, 그 외에 고려해야 할 사항은 다음과 같다.

- 외관
- 내구성 및 누수 저항성
- 시공이음의 위치 및 간격

4.2 소요 강도

시공이음은 일반적으로 다음과 같은 하나 또는 둘 이상의 응력을 전달할 필요가 있다.

- 축 방향 인장
- 축 방향 압축
- 부재 평면 내부 또는 외부의 휨
- 전단
- 비틀림

이 중에서 축인장은 항상 철근에 의해서만 지지된다고 가정한다. 실제로 콘크리트는 약간의 인장강도를 갖고 있으며, 전단력에 대한 사인장 저항력도 갖고 있다. 일반적으로 콘크리트의 인장강도는 2.2절에서 보는 바와 같이 균열이 발생될 가능성을 검증할 때에 고려한다.

4.3 외관

시공이음의 외관은 노출 콘크리트와 콘크리트 마감이 미관상 중요할 때 특히 중요하다. 표면 처리를 하지 않은 매끄러운 콘크리트 표면은 면이 거친 시공이음에 의해 외관이 손상되기 쉽다.

또한 인접하여 타설한 콘크리트의 색상이 상이하게 나타나 외관이 손상될 수 있다. 일반적으로 그 정도는 경미하지만 시멘트와 골재의 색상, 배합비, 배합 및 다짐 정도, 거푸집의 재료, 마감, 양생, 박리제, 기타 코팅재의 차이에 의하여 발생할 수 있다.

이러한 경우, 시공이음의 끝단에 홈을 만들어서 시공이음이 눈에 덜 띄도록 하는 방법을 이용할 수 있다. 홈을 설치하면 선명하게 보이는 콘크리트 시공이음이 가려지는 효과를 얻게 되어 보다 나은 외관을 만들 수 있다(그림 4.1).

4.4 내구성 및 누수 저항성

올바르게 시공된 시공이음은 인접 콘크리트와 비슷한 내구성을 발휘할 수 있다. 이음이 제대로 시공되지 않을 경우 모세관 현상을 일으켜 물이 시공이음을 따라 흘러 들어올 수

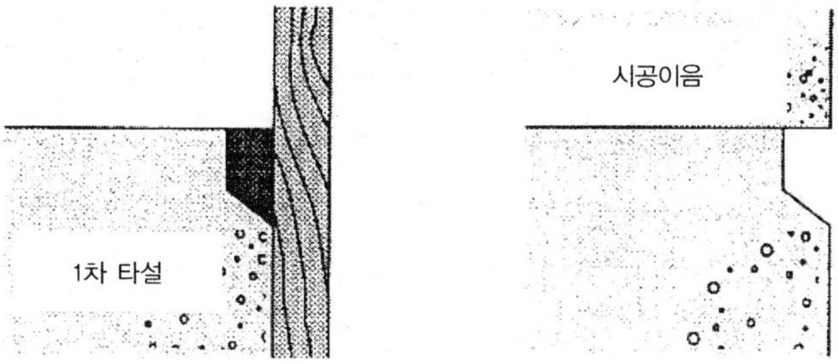

그림 4.1 시공이음에서 홈 만들기[39]

있으며, 이로 인하여 누수가 발생한다. 방수용 또는 저수용 구조물에서 지수가 중요한 설계 요건임에도 불구하고(2.7절 참조), BS 규정[20]에서는 "올바르게 시공된 시공이음에는 지수재가 불필요하다"라고 언급하고 있으며, 그 말은 "시공이음을 만드는 우수한 시공 능력과 철저한 감독이 누수를 방지하는 가장 좋은 방법이다"라는 의미를 갖고 있다. 또한 누수와 관련된 문제는 거푸집의 영향도 받을 수 있으므로 이를 고려해야 한다(5.2.2절 참조).

4.5 시공이음의 위치 및 간격

이음의 위치와 간격을 결정할 때에 고려해야 할 사항은 다음과 같다.

- 1회 타설되는 콘크리트 체적 또는 면적
- 이음에서의 소요 강도 및 발현 강도
- 초기 재령의 온도 균열과 굳은 콘크리트 수축의 구속 여부
- 외관 및 마감의 일체성

시공이음은 일반적으로 보, 슬래브 등 수평 부재 및 기둥, 벽체 등 수직 또는 경사부재 사이의 접합부에서 위치한다. 또한 단일 부재라도 길이나 면적이 대규모일 때 1회 타설 구간을 나누는 역할을 한다. 첫 번째 경우는 이음의 간격이 부재 치수에 의해서 결정되며, 두 번째의 경우에는 이음의 간격이 콘크리트 타설 계획에 의하여 결정된다.

시공이음의 개수는 가능한 한 최소화하는 것이 바람직하다. 또한 시공이음의 위치는 콘크리트를 타설하기 전에 신중히 검토한 후 결정하되, 부재의 길이 방향에 대하여 수직으로 이음을 두는 것이 일반적이다.

수직 및 경사 부재의 시공이음에서 추가적으로 고려해야 할 사항은 굳지 않은 콘크리트

에 의해 발생되는 거푸집 측압이다. 거푸집의 측압을 계산하는 방법은 콘크리트 표준시방서[7] 제4장 1.7.3절을 참조할 수 있다. 높은 벽체나 기둥을 한 번에 타설하려면 거푸집 하단에 생기는 높은 측압을 지지하는 가설을 두어야 하므로 시공 비용이 증가한다. 따라서 1회 이상 나누어 타설하는 것이 바람직하다[27]. 또한 인접한 측벽에 벽과 기둥을 붙여서 구조물을 시공하는 경우에는 기존 벽체와 신설 부재를 분리시키기 위하여 그 사이에 이음과 충전재를 설치하고 신설 부재를 타설하게 된다. 이때 콘크리트를 너무 높은 곳에서 부으면 인접 벽체에 균열이 생기거나 무너질 위험이 크므로 적절한 위치에 시공이음을 두고 타설 계획을 수립한다.

일반적으로 보와 슬래브의 시공이음은 경간을 따라 약 1/3 지점에 두는 것이 바람직하다. 이는 연속 부재의 경우, 그 지점에서 휨모멘트가 가장 작으며 전단력도 중간 정도의 값이기 때문이다. 연속 부재가 아닌 경우에는 휨모멘트와 전단력의 분포가 다르게 나타나므로 이를 고려하여 시공이음을 설치해야 한다. 시공이음을 설치할 때에는 이음에서 충분한 휨강도와 전단강도를 갖도록 설계·시공한다.

바닥 슬래브의 시공이음은 예상되는 이동량을 수용할 수 있도록 설계 상세 및 시방을 작성한다(2.3절 참조). 또한 현장 조건을 충분히 고려하여 시공이음의 위치를 결정해야 한다.

저수 및 방수 구조물의 시공이음에서는 일반적으로 소정의 이동량을 허용하도록 설치하며(2.5.2절 참조), 방수가 요구되는 빌딩 지하층의 경우, 다음과 같은 이음 간격을 권장하고 있다[29].

- 벽체 : 5 m 이하
- 슬래브 : 장변 방향으로 10 m 이하

하지만 콘크리트 배합 설계와 시공 단계에서 특별한 주의를 기울이면 보다 넓은 이음 간격을 허용할 수 있으며, 이때 초기의 온도 균열을 반드시 고려해야 한다.

4.6 철근

시공이음에서 내밀어 배근한 단부 철근은 연속되는 철근과 겹침이음을 하여 연속시키는 것이 일반적이며, 이 외에 사용 가능한 방법은 5.3절에서 기술하고 있다.

4.7 지수재

수동형 지수재의 사용 여부에 대한 사항은 2.7절에 기술되어 있고 관련된 시공 실무는 3.5절과 5.4절에서 다루고 있다.

4.8 봉합재

봉합재는 바닥 슬래브에서 모서리를 보호하거나 이음의 방수 시공을 위하여 사용한다. (3.6절 참조).

4.9 설계 상세

외관상 시공이음이 눈에 덜 띄도록 하는 홈파기는 4.3절에서 기술하였고, 그림 4.1에 나타낸 바와 같다.

05 장 시공이음 : 현장 실무

5.1 시공이음의 성능 요구 사항

구조용 콘크리트에서 시공이음에 대한 성능 요구 사항은 다음과 같다.

- 충분한 강도
- 외관
- 충분한 내구성 및 누수 저항성

이 외에도 시공의 정확도, 시공 비용, 시공 속도 및 효율적 인력 관리 등을 고려하여 시공이음을 설계 · 시공해야 한다.

수직 시공이음을 설치할 때, 이미 타설된 콘크리트가 경화되면 거푸집을 해체한 후 굳은 콘크리트 면을 거칠게 만들고 신설 콘크리트를 이어서 타설한다.

수평 시공이음을 설치할 때에는 거푸집 공사 없이 기존 콘크리트의 레이턴스를 제거하고 표면을 거칠게 만든 후 신설 콘크리트를 이어서 타설한다. 레이턴스를 제거하지 않으면 시공이음의 인장, 압축, 전단강도 및 수밀성을 저하시키고 부착력을 떨어뜨린다(5.7절 참조).

5.2 시공이음의 재료 및 공법이 강도에 미치는 영향

5.2.1 인장강도

철근이 배근되지 않은 이음에 작용하는 인장력은 이미 타설된 콘크리트와 새로 타설되는 콘크리트의 부착력에 의하여 전달된다. 일반적으로 이음의 부착력은 모르타르로 덧바르지 않은 깨끗하면서도 거칠게 처리된 표면에 신설 콘크리트를 타설함으로써 증가시킬 수 있다[23].

5.2.2 수직 시공이음의 압축강도

시공이음을 설치할 때, 이미 타설된 콘크리트 표면의 유해한 물질이 모두 제거된 상태이고, 새로 타설하는 콘크리트의 다짐이 충분히 이루어지면 수직 시공이음이 설치된 콘크리트 부재의 압축강도 또는 강성은 시공이음이 없는 부재와 큰 차이가 없는 것으로 알려져 있다[41].

5.2.3 수직 시공이음의 휨강도와 전단강도

시공이음에서 이미 타설된 콘크리트의 표면 처리를 올바르게 하면 휨모멘트만을 받는 이음의 휨강성과 휨강도는 시공이음이 없는 부재의 강성 및 강도와 큰 차이가 없다. 그러나 시공이음에서 균열이 발생할 가능성은 매우 높다. 따라서 설계기준에 의하여 계산된 소요 철근량을 배근함으로써 이음에서 발생하는 균열의 폭을 허용 균열폭 이하로 제어해야 한다[41].

시공이음에서 이미 타설된 콘크리트의 표면 처리를 올바르게 하였다면 휨과 전단을 함께 받는 이음의 휨강도와 전단강도는 시공이음이 없는 부재의 강도와 큰 차이가 없다. 휨모멘트가 거의 없고 전단력이 크게 작용하는 경우도 이와 동일하다.

시공이음 면이 거칠게 처리되지 않아 매끄러운 경우, 일체이거나 거칠게 처리된 이음 단면이 저항할 수 있는 전단강도의 약 40 퍼센트이다. 따라서 시공이음 면의 표면 처리가 전단강도를 확보하는 데에 무엇보다 중요한 요인임을 알 수 있다.

5.2.4 수평 시공이음의 압축, 휨 및 전단강도

수평 시공이음을 설치할 때에 표면의 레이턴스를 제거하지 않은 경우에는 레이턴스를 제거하고 거칠게 표면 처리를 한 이음의 단면에 비하여 강도가 크게 저하된다.

프리캐스트 부재와 현장타설 콘크리트를 합성할 때에 이음부에 발생하는 수평 전단강도는 표면 처리에 따라 크게 좌우되는 것으로 알려져 있다[22),21)]. 표면에 솔질을 하거나 스크리드를 시공한 면 또는 거칠게 처리된 표면(rough-tamped surface)은 그렇지 않은 표면에 비해 약 50 퍼센트까지 강도가 높아지고, 레이턴스를 제거하거나 응결지연제를 사용하여 깨끗하게 처리한 표면은 그렇지 않은 표면에 비하여 약 75 퍼센트까지 강도가 높아진다. 이음 면에 전단 연결재를 설치하면 수평 전단강도를 크게 증가시킬 수 있는데, 이음 면적의 0.15 퍼센트에 해당되는 전단 연결재(전단철근)를 배치하면 전단 연결재가 없는 이음 면의 수평 전단강도에 비하여 약 3배 증진된 강도를 확보할 수 있다.

5.3 철근

5.3.1 내민 철근

단부의 철근을 내밀어 시공하는 것이 일반적인 방법이다. 이 방법은 간단하면서 저렴하다는 장점이 있는 반면 거푸집 비용이 증가하는 단점이 있다. 내민 철근이 거푸집 외측으로 돌출되기 때문에 파손되기 쉬우며, 수직으로 돌출된 내민 철근은 안전 사고를 유발할 수 있는 요인이 되기도 한다. 또한 굽혀지거나 파손되면 보수하기에 어려운 단점이 있다.

돌출된 철근은 콘크리트가 타설되는 동안에 적절한 방법으로 지지되어야 한다. 특히 수직 철근은 직경에 상관없이 견고히 고정해야 한다. 한편, 직경이 작은 철근은 쉽게 휘청거리며 직경이 큰 철근은 외부의 충격에 의하여 거푸집 내의 철근을 이동시켜 피복두께를 감소시키는 문제가 발생할 수도 있으므로 유의해야 한다.

수직 시공이음의 내민 철근은 그림 5.1의 막음판에 연결된 관으로 삽입하여 고정한다. 근처의 철근에 묶거나 외부에 지지하여 콘크리트 타설 중에 고정판이 움직이지 않도록 해야 한다. 수평 시공이음의 수직으로 내민 철근도 견고히 정착시켜야 하며, 시공 비용, 작업의 난이도, 거푸집 측압 등을 고려하여 장대 기둥이나 벽체의 이음 간격을 신중히 결정하도록 한다.

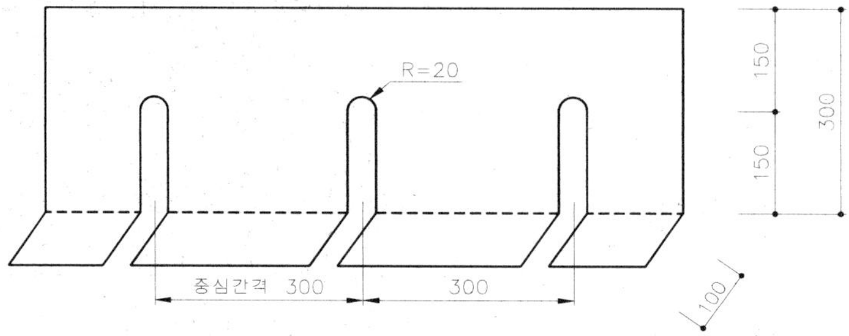

그림 5.1 강재 거푸집 막음판 상세의 예[5)]

수평으로 내민 철근이 눈높이 근처에서 돌출되는 경우에는 각별히 안전 사고에 유의해야 하며, 지면에 심어놓은 수직 내민 철근도 안전 사고에 노출될 위험이 크므로 철근 단부를 뭉툭하게 감싸거나 플라스틱으로 된 캡을 씌울 필요가 있다.

5.3.2 굽힌 철근

이음 단부의 내민 철근은 거푸집 속에 굽혀 넣거나 철근을 대개 L형으로 굽혀 다발로 만들어 거푸집 면에 대어 놓고 콘크리트를 타설할 수도 있다. 콘크리트를 타설하고 거푸집을 제거한 후에 굽혔던 철근을 바로 편 후 후속 작업을 진행한다(그림 5.2). 철근을 다시 펴는 과정에서 철근이 묻힌 부위의 콘크리트에 국부적인 손상이 발생할 수 있다. 굽힌 철근을 펼 때에는 철근 파단의 위험성을 최소화하기 위하여 5 ℃ 이상의 기온에서 철근 펴기를 하는 것이 바람직하다.

한편, 800 ~ 850 ℃로 가열하여 철근을 굽히기도 하는데, 이 경우에는 급격한 온도 변화로 인하여 철근의 재료적 특성이 변화할 수 있으므로 주의해야 한다. 또한 철근의 전 연장에 걸쳐 고루 열을 가해야만 구불구불한 잔류 변형 없이 곧게 펼 수 있다.

굽힌 철근을 펴는 전통적인 방법은 비계용 파이프를 지렛대로 쓰는 것이다. 이때 무리한 힘을 가하면 철근 주위의 콘크리트가 손상될 수 있으므로 주의해야 한다. 다시 굽힐 때에 회전 반경을 더 크게 돌릴 수 있는 방법을 취해야 하며[21)], 곧게 펴진 철근은 자연스럽게 열이 식도록 내버려 둔다. 급랭시킬 경우, 철근이 파단될 수 있으므로 주의한다.

굽힌 철근을 펼 때에는 철근의 위치가 이동되거나 뒤틀리지 않도록 각별히 주의해야 한다[43)]. 또한 굽힌 철근에 콘크리트가 타설되지 않도록 철근의 구부러진 부분을 감싸야 한다. 그래서 나중에 철근을 펼 때 굽혀진 철근 부위의 콘크리트가 떨어져 나오지 않는다. 굽힌

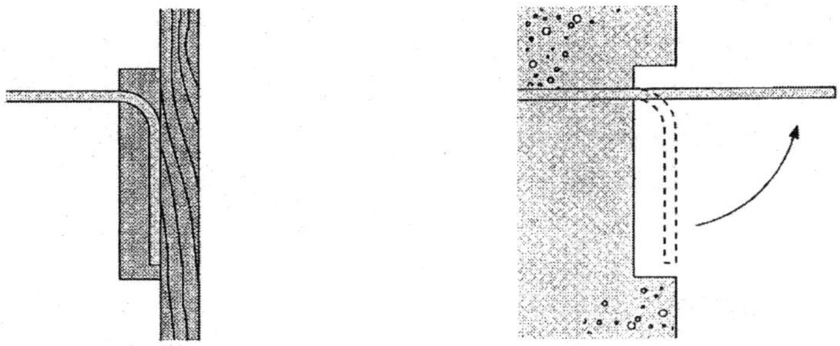

그림 5.2 **굽힌 철근**[39)]

철근은 연강이어야 하며 직경이 16 mm를 초과하지 않는 것이 좋다. 콘크리트가 충분한 강도를 발현한 후에 철근을 펴야만 콘크리트의 파손 위험을 줄일 수 있는데, 최소한 48시간 이후에 작업을 하는 것이 바람직하다.

5.3.3 철근 일체형 막음판

굽힌 철근의 묶음을 막음판에 정착시켜 시공하면 철근을 용이하게 고정시킬 수 있는 장점이 있다. 막음판은 발포 플라스틱이나 철판으로 제작하여 가설용으로 쓰거나 프리캐스트 콘크리트에 삽입하여 영구 거푸집 형태로 사용할 수 있다.

5.3.4 철근 커플러

철근 커플러는 콘크리트 이음 면에 철근을 내밀어 놓거나 암나사를 슬리브처럼 심어놓은 후, 압접 스웨이지(swage), 웨지(wedge), 볼트 등을 이용하여 철근을 잇는 방법이다. 철근을

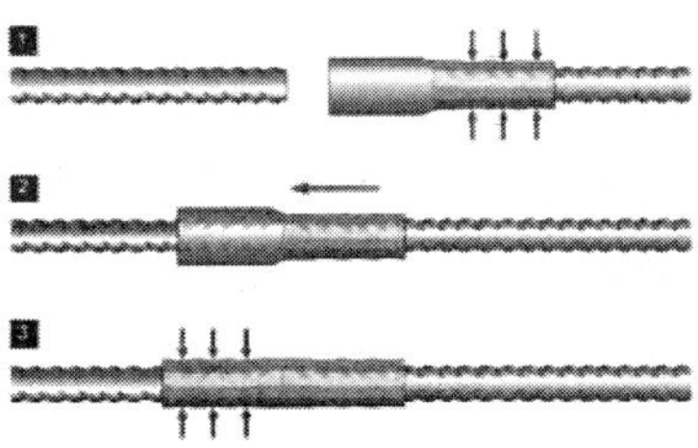

(a) 스웨이지

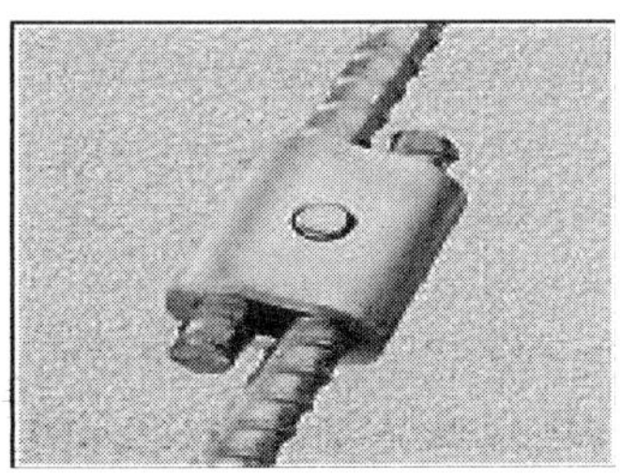

(b) 웨지

그림 5.3 **철근 커플러의 예**

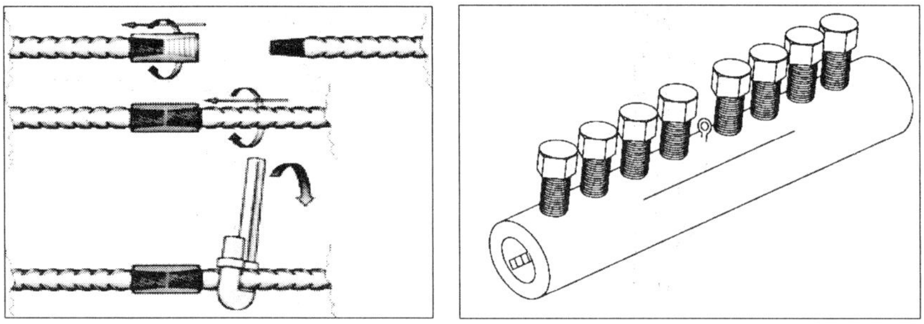

그림 5.4 매입형 소켓의 예

내밀어 놓을 때 발생 가능한 문제는 5.3.1절에 기술한 내용과 같으며, 나사형 슬리브에 대한 문제점은 5.3.5절 매입형 소켓에서 발생하는 것과 동일하므로 이에 주의해야 한다. 그림 5.3은 철근 커플러의 예이다.

5.3.5 매입형 소켓(cast-in sockets)

그림 5.4는 매입형 소켓의 예로, 다양한 매입형 소켓을 이용하여 철근을 나사처럼 끼우는 방법으로 철근을 이을 수 있다. 하지만 소켓의 열린 부분이 거푸집에 너무 가까이 붙어 있으면 그라우트가 흘러 들어가면서 입구를 막아 철근을 끼울 수가 없게 되므로 콘크리트 타설 전에 소켓의 입구에 마개를 설치하고 정확한 위치에 고정하도록 한다. 마개가 없으면 나사가 부식될 수 있으므로 반드시 마개를 설치해야 한다.

아연도금이나 쉐라다이즈(sherardized : 아연도금의 일종) 재질의 소켓을 사용하여 부식을 방지할 수 있다. 전기 도금 방식으로 아연이나 다른 금속을 얇게 입힌 제품도 있다. 이러한 제품은 부식 방지 효과가 떨어지므로 사용 시 주의를 기울이도록 한다.

5.3.6 용접 철근

용접을 하여 열간압연 철근을 이을 수 있다. 상온 가공 철근도 용접할 수는 있으나 가열할 경우에 강도를 감소시킬 수 있으므로 주의해야 한다. 시방서의 용접 절차에 따라 작업을 해야 하며 청결한 재료, 숙련된 기술 및 세심한 감독을 통하여 철저한 품질 관리를 해야 한다.

5.4 지수재

지수재를 사용할 경우, 합당한 시공 상세 및 공법을 채택해야 한다. 특히 지수재에 구멍이 뚫리거나 파손되지 않아야 하므로 연마재나 전동 공구를 사용하는 것은 적합하지 않고, 압축 공기나 수압 분사식을 적용하는 것이 바람직하다(5.7절 표 7 참조).

연속 장벽이 되도록 지수재를 설치해야 하고, 콘크리트 타설 전이나 타설 중에 이동하지 않도록 소정의 위치에 견고히 고정시켜야 한다. 지수재가 제 위치에 고정되어 있지 않으면 굳지 않은 콘크리트 속에서 위치가 이동되어 빈 공간을 만들고 결국은 누수의 위험을 증가시킨다.

외부용 지수재는 일반적으로 지수재 가장자리 근처의 거푸집에 못으로 박아 고정한다. 내부용 지수재는 미리 작은 구멍에 철사로 엮어 조립된 철근에 묶어서 고정한다. 고정 방법은 제조업체의 사용 지침에 따르도록 한다.

5.5 시공이음용 거푸집

5.5.1 수직 시공이음

수직 시공이음은 막음판에 설치하여 만들어야 하며, 부재 축과는 반드시 직각이어야 한다. 보와 슬래브에서는 이음 면을 300 mm에 대하여 10 mm 정도 기울어지게 하는 것이 전단 전달을 증진시킨다는 견해가 있는데, 이는 기울어진 이음 면을 따라 일정량의 압축이 유발되기 때문이다(그림 5.5). 철근이 이음 면에 잇따라 걸쳐 있어 복잡하게 만들지만 막음

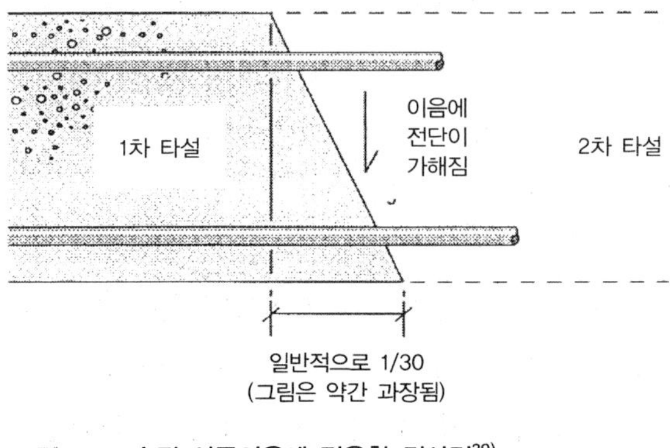

그림 5.5 수직 시공이음에 적용한 경사면[39)]

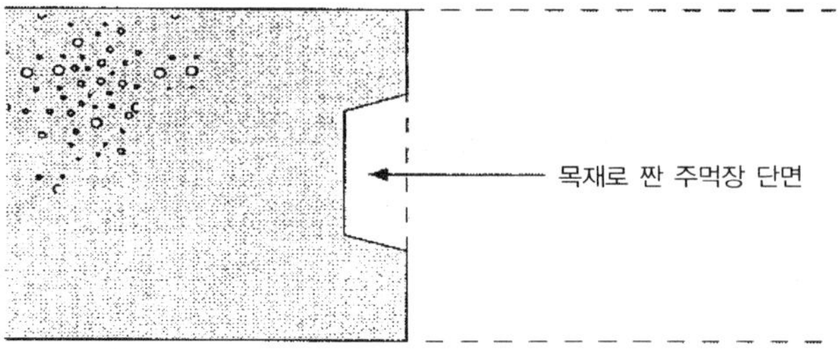

그림 5.6 **맞물린 주먹장이음**[39)]

판은 쉽게 설치하고 제거가 가능하도록 단순하게 시공할 수 있어야 한다. 망철판이 아닌 막음판은 이음에서 그라우트가 지나치게 누출되지 않도록 밀봉시켜야 한다. 그라우트 누출은 곰보와 강도 저하를 일으키며 미관에도 좋지 않다. 발포 플라스틱 스트립은 널리 쓰이며 경제적이고 효과적인 그라우트 봉합재이다.

노출 콘크리트 면에 홈파기를 만드는 것은 시공이음이 눈에 덜 띄도록 효과적으로 마감 처리하는 방법이다(4.3절 참조). 이는 그림 4.1에서처럼 거푸집의 한쪽 또는 양쪽 면에 모서리를 따낸 각재를 미리 끼워 시공하면 된다.

주먹장이음(그림 5.6)은 과거에 방수 시공이나 캔틸레버 옹벽의 기초와 같이 전단력이 큰 곳에 주로 사용되었다. 주먹장은 부재의 중앙에 사다리꼴 각재를 끼워서 만든다. 주먹장은 누수의 통로를 길게 만들며 전단 저항도 증진시킨다. 최근에는 추가적인 설치 비용 때문에 주먹장이음의 사용이 줄어들고 있는 추세이다. 그러나 방사선 차폐 원자로 이음에는 여전히 사용되고 있으며, 매스 콘크리트 시공에서도 가끔 이용되고 있다. 대부분의 콘크리트 시공에서 표면 이물질을 제거하고 이음을 거칠게 하는 것은 전단 저항을 증가시키면서 누수 저항성을 증진시킨다.

표면 응결 지연제는 표면 이물질 제거에 도움이 될 수 있지만, 사용하기 전에 신중히 검토한 후 결정해야 한다. 철근이 거푸집 박리제, 지연제 등에 오염되어 부착에 악영향을 주지 않도록 주의하고, 응결 지연제를 콘크리트 타설 전에 너무 빨리 사용하면 우수 또는 살수에 씻겨 내려갈 수 있으므로 이에 주의하도록 한다.

수직 이음의 바닥은 콘크리트 타설 전에 거푸집을 청소하는 과정에서 이물질이 쌓일 위험이 있다. 이물질 잔해로는 목재 덩어리, 묶음 철선, 레이턴스, 콘크리트 파편 및 이음 표면 처리과정에서 나온 먼지 등이 있다. 이러한 이물질들은 이음의 강도를 저하시키고 외형을 손상시키므로 반드시 제거해야 한다. 특히 접근이 어려운 기둥 하부나 벽체 거푸집 하단에는 이에 대한 각별한 주의가 필요하다. 해결 방법 중 하나는 콘크리트 타설 직전에 막음판을 철거하고 이물질을 제거하는 것이다. 좁은 곳에는 흡입기를 사용하는 것이 효율적이며, 사용 시 노출되지 않는 콘크리트 면의 거푸집에 작은 구멍을 내고 흡입기로 청소를 한 후 구멍을 다시 메우는 방법이 있다. 어떠한 경우에도 거푸집 옆면이 고정되기 전에 청소하는 것이 이후에 처리하는 것보다 잔해의 양을 줄이는 데 있어 효과적이다.

막음판 연구 결과[38]로 막음판을 적용할 때 중요하게 고려해야 할 몇 가지 항목을 제시한 바 있다. 우선 막음판용 목재는 절단하고 가공하는 데 시간이 많이 소요되는 단점이 있다. 또한 막음판을 제거할 때 철근 주위의 콘크리트가 손상될 가능성이 높아 막음판을 재사용하지 못할 수도 있으며, 막음판에 끼워놓은 원형 철근 주변으로 그라우트가 누출되기 쉽다. 막음판에 접하여 1차 타설된 콘크리트 표면은 2차 콘크리트가 타설되기 전에 거칠게 표면 처리를 해야 한다. 이러한 문제를 고려하여 수직 시공이음에 막음판을 사용할 때에는 그 상세가 되도록 간단하면서도 시공성과 경제성이 확보될 수 있도록 해야 한다.

5.5.2 막음판용 자재

일반적인 막음판용 자재는 목재, 망철판, 골판, 철근 보강된 스트립(5.3절 참조), 프리캐스트 콘크리트, 발포 플라스틱 시트(스티로폼), 강화 플라스틱 시트 등이 있으며, 그 외의 대체 자재로는 목재와 압축성 스트립의 조합, 알갱이를 채워 넣은 플라스틱 슬리브, 공기 주입식 가변형 튜브, 섬유질 막음판 등이 있다[38].

1) 목재

목재는 수직 시공이음 막음판에 흔히 사용되는 재료이다. 특히 보에서의 작업 그리고 슬래브와 벽체의 2단 철근을 끼우기 위해 목재를 가공하는 것은 시간이 많이 소요되고 힘든 작업이며, 막음판을 제거할 때에 콘크리트에 손상을 입힐 수 있다는 단점이 있다. 목재 막음판은 콘크리트 면을 매끈하게 만들지만 응결 지연제를 바르면 이후에 콘크리트 면을 거칠게 만들 수 있다.

2) 망철판

망철판 메쉬는 일반적으로 아연도금 강판으로 목재를 대체할 수 있으나, 타설 시 다짐이 지나치면 그물망을 통해 시멘트 페이스트 또는 모르타르가 흘러나갈 수 있는 단점이 있다. 이로 인하여 곰보가 발생하는 등 콘크리트의 품질을 저하시킬 수 있다. 시멘트 페이스트의 누출이 염려되어 다짐을 소홀히 하면 콘크리트의 품질을 더욱 악화시킬 수 있으므로 주의해야 한다.

망철판 메쉬의 기성 제품은 일반적으로 2가지 형태가 있다. 첫 번째는 평판 메쉬로 콘크리트가 타설될 때 막음판이 뒤틀리지 않도록 단단히 고정해야 하는 제품이고, 두 번째는 골판 모양으로 메쉬의 한쪽 방향이 보강되어 있는 형태로 일정 간격의 지주만 세워 설치가 가능한 방법이다. 이 경우, 골판을 1차 타설 면의 안쪽으로 설치하기 때문에 바깥쪽에 설치한 받침을 고르게 정돈할 수 있으나, 골판이 1차 타설 콘크리트에 완전히 부착되므로 막음판을 제거하는 것은 사실상 어렵다.

망철판 메쉬를 막음판으로 사용할 때에는 콘크리트를 직접 메쉬에 낙하시키지 말고 막음판에서 0.5 m쯤 떨어진 위치에 진동기나 기타 다짐 장치로 밀면서 옮겨서 타설해야 한다. 이는 메쉬에 콘크리트가 낙하되어 메쉬가 일그러지거나 시멘트 페이스트 또는 모르타르가 지나치게 누출되는 것을 방지하기 위해서이다. 최소한 막음판에서 0.3 m 이상은 이격된 위치에 콘크리트를 타설해야 한다. 다짐은 시멘트 페이스트가 메쉬를 통과하여 나올 정도까지 계속한다.

평판 메쉬는 제거하거나 남겨둘 수 있다. 콘크리트가 굳은 직후 제거하면 가벼운 솔질만으로 골재를 노출시켜서 거칠게 표면 처리를 할 수 있다. 메쉬를 그대로 둘 경우, 콘크리트 면을 다듬을 필요가 없으나 방수 시공일 때에는 모든 레이턴스를 제거해야 하므로 메쉬의 제거가 필요하다. 저수용 구조물에서는 콘크리트 단면에 들어있는 메쉬가 물의 통로가 되므로 방수가 필요한 구조물에서는 망철판 메쉬를 제거하는 것이 바람직하다. 메쉬를 남겨둘 경우, 내구성을 확보할 수 있도록 규정된 피복 두께 이상을 넘지 않도록 한다.

메쉬를 막음판으로 쓸 때에는 철근을 먼저 고정하고 메쉬를 국부적으로 잘라내거나 철근 주위에 끼워 맞춘 다음, 목재 스트립을 피복두께 만큼 설치하는 것이 바람직하다. 이렇게 하는 것이 철근 주변의 목재를 가공하는 것보다 경제적이고 시공 속도가 빠르며 콘크리트 타설 후에 목재를 제거하기에도 편리하다.

3) 골판

고무나 플라스틱제 골판은 거친 이음 표면을 만들기 위해 망철판과 같은 방법으로 사용된다. 리브 깊이가 3 mm인 골판을 추천하고 있으며[41], 망철판처럼 철근을 안에 설치하기 쉽고 모서리는 일반적으로 목재로 막는 방법으로 처리한다.

4) 철근일체형 스트립

발포 플라스틱이나 강판 등의 임시 스트립은 콘크리트가 굳게 되면 표면 마무리를 위해서 제거한다(5.3절 참조).

5) 프리캐스트 콘크리트

프리캐스트 콘크리트 막음판은 영구 거푸집으로 활용하므로 효율적이면서 인건비를 절감할 수 있는 장점이 있다. 특히 철근을 겹침이음하는 상세일 때에 더욱 효과적이다. 막음판의 양쪽에 주먹장을 형성하면 추가로 표면 작업을 할 필요가 없으며, 거친 표면을 만들어서 시공하는 방법도 적용이 가능하다.

6) 발포 플라스틱 시트

발포 폴리스티렌이나 폴리에틸렌 시트는 현장 가공을 통하여 원하는 형태의 막음판을 쉽게 만들 수 있다. 그러나 강성이 약하고 잘 파손되고 굳지 않은 콘크리트의 측압으로도 불룩해지거나 파열될 수 있으므로 이에 대한 대책을 추가로 수립해야 한다. 시트를 제거할 때에는 굳은 콘크리트에 붙어서 제거되지 않는 부위가 발생할 수 있으므로 콘크리트 표면을 거칠게 처리할 때에 함께 제거하도록 한다.

7) 강화 플라스틱 시트

내부에 철망이 보강된 플라스틱 시트는 경제적이고 효율적으로 막음판을 제작할 수 있다. 플라스틱을 뚫고 철근을 밀어 넣는 방법으로 배근할 수 있으며, 판재를 제거한 후에 콘크리트 표면을 충분히 거칠게 처리한다.

5.5.3 수평 시공이음

수평 시공이음에는 이음 면을 만들기 위한 거푸집 또는 막음판이 없어도 된다. 보와 슬래브 위로 기둥 또는 벽체를 타설할 경우에는 일반적으로 키커(kicker)를 받침대로 사용한다. 지수재를 사용한 방수 시공에서 키커는 슬래브 바닥면으로부터 시공이음을 위로 이동시키는 역할을 하는데, 이는 슬래브 철근으로부터 지수재를 이격시켜 주는 이점이 있다. 키커가 하부 부재와 일체로 타설되는 경우에는 최소 높이 75 mm로 하고, 키커가 하부 부재와 별개로 타설되는 경우에는 최소 높이 150 mm로 한다.

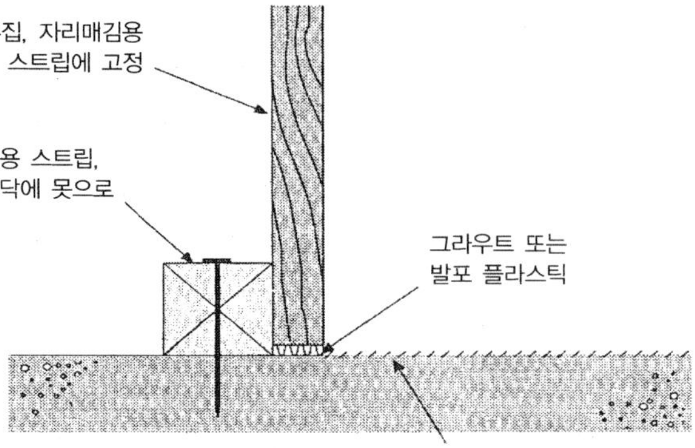

그림 5.7 **키커가 없는 거푸집 고정용 목재 스트립**[39]

키커를 사용하지 않고 시공하는 경우[11]에는 부재의 윤곽을 정확히 표시한 후에 목재 스트립을 콘크리트 면에 고정시킬 수 있다(그림 5.7 참조). 거푸집을 고정하는 다른 방법은 매입된 T형 철근을 사용하는 것으로 거푸집이 철근에 고정되어 보다 효과적인 방법이나 비용이 상승한다[11]. 키커를 사용하지 않을 때에는 그라우트가 새지 않고 곰보가 발생하지 않도록 거푸집 하면의 틈을 밀봉하는 것이 중요하다.

콘크리트를 타설하기 전에 기 타설된 콘크리트는 5.5.1과 동일한 방법으로 표면 처리한다.

5.6 콘크리트 타설

5.6.1 수직 시공이음

이음 표면은 5.7절에서 기술한 바와 같이 마무리되어야 한다. 표면은 청결하고 건조된 상태 또는 표면건조 포화상태여야 한다. 모르타르나 그라우트로 덧칠하면 부착력을 저하시키고 노출된 콘크리트 표면의 미관을 저해하므로 불필요한 일이다.

콘크리트는 이음으로부터 0.15~0.3 m 이격시켜 타설하고, 진동을 이용해서 막음판 쪽으로 흘러 들어가도록 한다. 이러한 방법으로 시공하면 충분한 다짐을 할 수 있으며, 막음판과 지수재가 충격으로 인하여 손상되는 것도 방지할 수 있다.

망철판을 막음판으로 사용할 경우, 콘크리트가 이음에서 잘 충전되도록 하는 것이 중요하다. 그러나 다짐기가 막음판에 너무 오래 머무르거나 망철판을 건드려 시멘트 페이스트 또는 모르타르가 누출되지 않도록 한다. 망철판에 각목을 받쳐주지 않은 경우에는 보다 충실한 다짐을 수행해야 한다. 그러나 시멘트 페이스트 또는 모르타르가 지나치게 누출되지 않도록 주의해야 하고, 시멘트 페이스트가 누출되면 다짐을 멈추도록 한다.

5.6.2 수평 시공이음

이음 표면은 5.7절에서 기술한 바와 같이 마무리되어야 한다. 표면은 청결하고 건조된 상태 또는 표면건조 포화상태여야 한다(5.6.1절 참조). 수직 수평 이음과 마찬가지로 모르타르나 그라우트로 덧칠을 해서는 안 된다.

레미콘 트럭에서 초기에 배출되는 콘크리트는 미립자가 적고 골재가 많다. 이러한 콘크리트가 이음 표면에 타설되지 않아야 하므로 초기에 배출된 콘크리트를 타설하는 것을 피하도록 한다. 콘크리트는 약 0.3 m[12] 두께로 이음 면에 타설하며 0.5 m를 넘지 않는 간격으로 철저히 다짐을 실시해야만 거푸집 밑에 곰보가 생기지 않는다. 다져진 콘크리트 속에 남아있는 기포가 쉽게 외기로 빠져나올 수 있도록 다짐기를 콘크리트 내에 놓아둔 상태에서 연속적으로 콘크리트를 타설한다. 폭이 좁은 부재는 긴 주름관을 이용하여 타설하면 콘크리트가 거푸집 내에 고르게 충전되고, 거푸집에 묻은 얼룩으로 인한 콘크리트 노출면의 오염이 생기지 않는다[10].

5.7 이음 표면 마감

경화된 콘크리트의 이음은 다음과 같은 목적으로 표면 마감을 실시한다.

- 레이턴스를 제거하여 이음이 압축, 휨 압축, 전단 등의 부재력을 충분히 전달하도록 하고, 이음 면을 따라 물 또는 유해 물질이 이동하는 것을 차단함.
- 이음이 인장 또는 전단을 전달해야 하는 경우에 부착 성능을 확보함.
- 기 타설된 콘크리트 표면을 청소하고 마무리하여 새로 타설하는 콘크리트의 품질에 악영향을 미치는 요인을 제거함. 즉, 거푸집 박리제 등 오염물질로 인하여 경화가 지연되거나 곰보 등의 품질 저하가 발생하는 것을 사전에 방지함.

부착 성능을 확보하기 위하여 다음과 같은 방법으로 표면을 치핑해야 한다.

표 5.1 시공이음의 표면 처리 방법[39)]

표면 처리 방법	수직 이음 (막음판은 타설 후 대개 4～6시간 후 제거)*	수평 이음*
가벼운 공기 분사. 단, 필터가 달려 있어서 콘크리트에 오일이 침착하지 않도록 함.	콘크리트 타설 2～4시간 이내에 적용함. 콘크리트가 빨리 굳지 않고 막음판이 즉시 제거되지 않으면 적용이 어려움. 손상 위험은 낮음.	타설 2～4시간 이내에 적용함. 손상 위험 낮음.
워터젯을 사용하지 않고, 저압으로 물을 뿌리면서 부드럽고 탄성이 있는 솔로 솔질함. 단, 쇠솔질을 하지는 않음.	막음판 제거에 적용함. 지연제가 사용되지 않으면 콘크리트가 너무 굳어 이 방법을 적용하기 어려움. 지수재가 있는 경우 적용이 어려움.	타설 후 4시간 이내에 적용함. 지수재가 있는 경우 항상 적용 가능하지는 않음.
이음 표면에 물이 흐를 정도로 저압으로 가볍게 워터젯을 사용함.	위와 같음. 지수재가 있는 경우에도 적용 가능함. 타설 후 약 6시간 내에 적용 가능함.	수직 이음과 같음.
물로 씻거나 약하게 물을 분사하며 쇠솔질을 함.	타설 후 약 24시간 내에 적용 가능함. 지수재가 있는 경우 항상 적용 가능하지는 않음.	수직 이음과 같음.
망치, 해머 드릴 등을 이용함.	굵은 골재가 탈락하는 위험을 없애기 위하여 적어도 재령 3일까지는 그대로 두는 것이 가장 좋음. 지수재가 손상되지 않도록 주의가 필요함.	수직 이음과 같음.
연마사를 이용한 습식 연마. 단, 건식 연마는 작업자의 건강을 고려하여 예방 조치 필요함.	해머 드릴 또는 공구 사용. 얇은 단면에는 적용하기 어려움. 지저분함.	수직 이음과 같음.
수작업으로 깨뜨림 또는 수작업 공구 사용.	권장하지 않음. 매립된 굵은 골재가 탈락하고 콘크리트 모서리를 손상시킬 수 있음. 충분한 이음 표면의 마감이 어려움.	수직 이음과 같은 이유로 권장하지 않음.

주) * 현장의 기온이 높을수록, 부배합일수록 그리고 물-시멘트비가 낮을수록 시간은 감소함.

- 표면 레이턴스, 시멘트 페이스트 또는 모르타르를 보통 2～3 mm 깊이까지 제거함.
- 굵은 골재를 주변 모르타르를 깊게 손상하지 않으면서 2～3 mm 깊이까지 노출시킴.
- 표면 하부의 콘크리트 손상 또는 교란을 최소화함.

시공이음의 표면 처리 방법과 타설 이전에 수행하는 시공이음 준비 작업을 표 5.1과 표 5.2에 각각 나타내었다. 콘크리트 이음 표면을 준비할 때에는 콘크리트가 완전히 굳지 않은 상태에서 조기에 작업을 하는 것이 굳은 이후에 하는 것보다 저렴하면서 작업도 용이

표 5.2 타설 이전에 수행하는 시공이음 준비 작업[39]

준비 작업	수직 이음 표면	수평 이음 표면
거푸집 청소 - 필수	거푸집 밑바닥의 부스러기 제거 (5.5.1절 참조)	수직 이음과 동일 (5.5.3절 참조)
타설 전 이음 표면 적시기	필수적은 아니지만 청결한 이음면을 확보하는 유일한 방법으로 표면건조 포화상태 유지	수직 이음과 동일
모르타르 또는 그라우트를 사전에 도포	권장하지 않음.	권장하지 않음.
거푸집 이음매 밀봉	필수적임.	필수적임.
1차 콘크리트 타설 시 이음면에 응결 지연제 적용*	적용 가능. 위에서 언급한 공정의 작업 시간 확보에 유리함.	수직 이음과 동일. 그러나 지연제가 이음 면 하부의 콘크리트에 악영향을 미치지 않도록 주의가 요망. 블리딩 수가 지연제를 희석시켜 효과를 떨어뜨리지 않도록 배합설계

주) * 지연제의 효과는 제조업체의 제품 설명 자료 또는 시험 성적서 등을 참조함.

하다. 초기 재령일 때에 지나친 조기 작업을 하게 되면 굵은 골재가 탈락될 수 있고, 콘크리트에 손상이 발생하면 이음이 취약해져 모서리와 인접 콘크리트 면이 파손되는 등의 결함이 발생할 수도 있다.

5.8 봉합재

콘크리트를 표면 처리한 후 콘크리트 표면이 건조된 상태에서 프라이머를 도포하고 시방에 따라 봉합재를 시공한다.

5.9 유지 관리

이음에서 봉합재의 점검 및 유지 관리 방법은 3.7.3절에 기술된 바와 같다.

06 장

적용 사례

6.1 터널

이 절에서는 아치 터널 공사에 시공된 콘크리트 라이닝의 균열 발생 유도와 지하수 등의 방수 및 배수를 위하여 설치한 이음, 방수막, 지수판의 설계 사례[6]를 기술하고 있다. 그림 6.1은 아치 터널 시공 방향 측면부의 시공이음부를 나타내며, 그림 6.3은 그림 6.1의 A

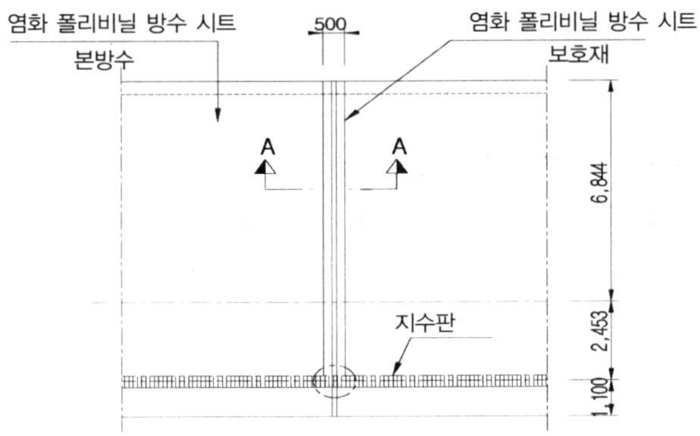

그림 6.1 **아치 터널 측면도**

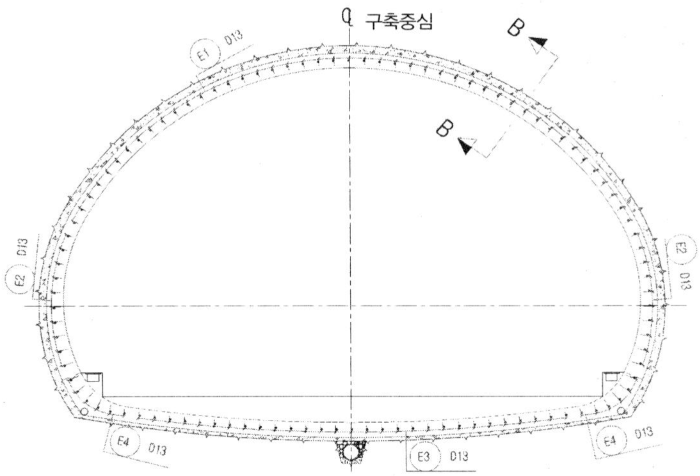

그림 6.2 아치 터널 정면도

-A 단면부의 방수막, 지수판의 설계 상세를 나타낸다. 또한 그림 6.4에서는 그림 6.2의 아치 터널 B-B 단면부의 방수막, 지수판, 줄눈 채움재 등의 두 가지 신축이음 설계 상세를 나타내고 있다.

6.1.1 시공이음 및 신축이음

- 콘크리트 타설 시 라이닝의 단면, 크기, 온도차 등을 고려하여 신축이음을 설치한다.
- 콘크리트타설 시 표준 건조 수축 등에 의한 균열을 유도하기 위하여 V형 시공이음을 일정한 간격으로 설치한다.
- 신축이음 및 시공이음은 측벽, 아치, 인버트까지 연속하여 설치한다.
- 터널 콘크리트 라이닝의 시공이음부에는 지수판을 설치한다.
- 터널 내부 무근으로 설치되는 라이닝의 갱구부에서 온도 차이에 의한 균열 발생을 유도하기 위하여 다음과 같이 설치한다.
  - 직선부 : 시공이음 - 9.0 m, 신축이음 - 27.0 m
  - 곡선부(R=1,200 이상) : 시공이음 - 6.0 m, 신축이음 - 24.0 m

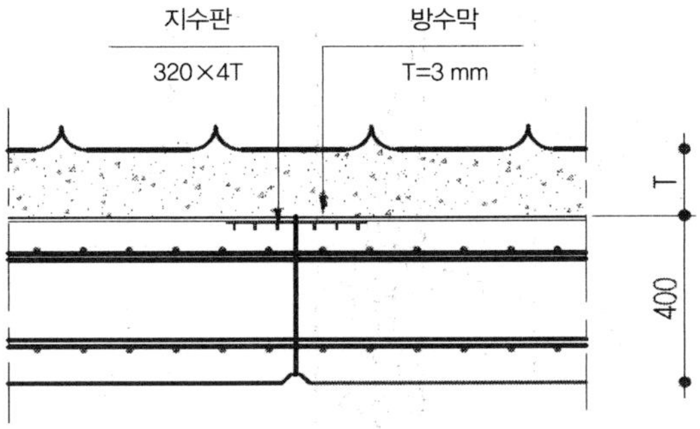

(a) 시공이음부 단면 A – A

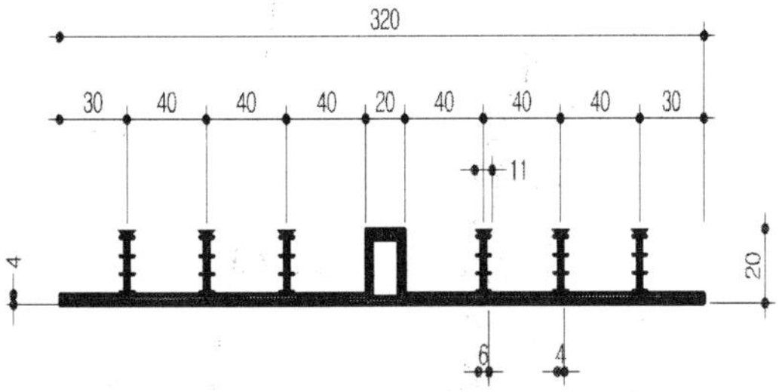

(b) 지수판 상세

그림 6.3 **터널 시공이음부 상세**

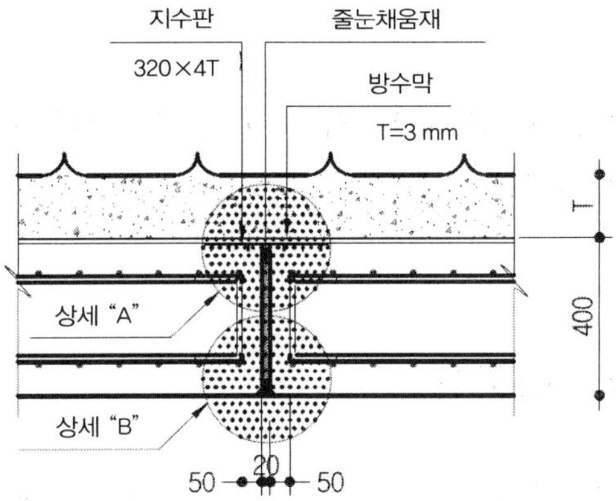

(a) 신축이음부 단면 B – B

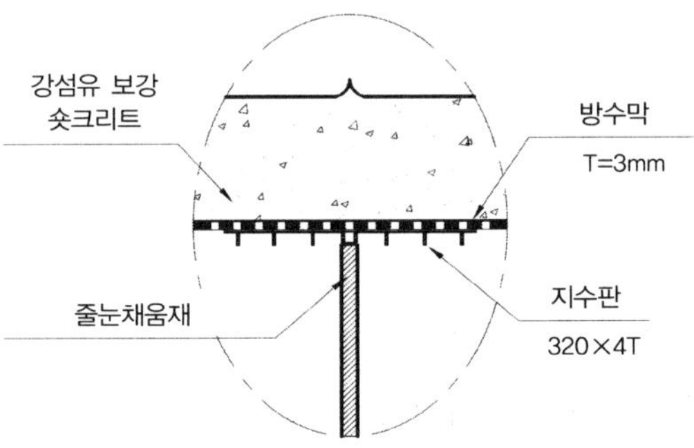

(b) 상세 "A"

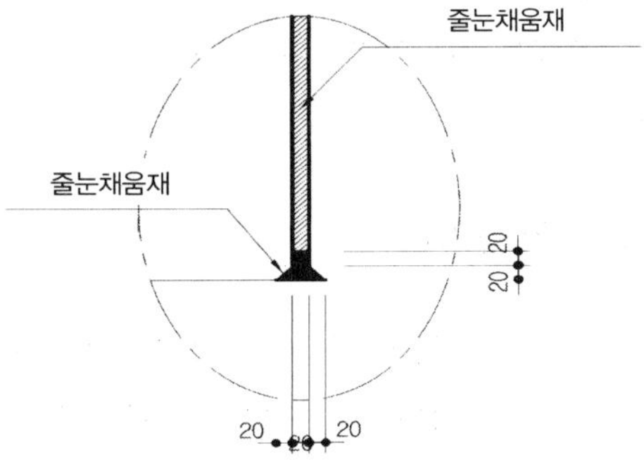

(c) 상세 "B"

그림 6.4 **터널 신축이음부 상세**

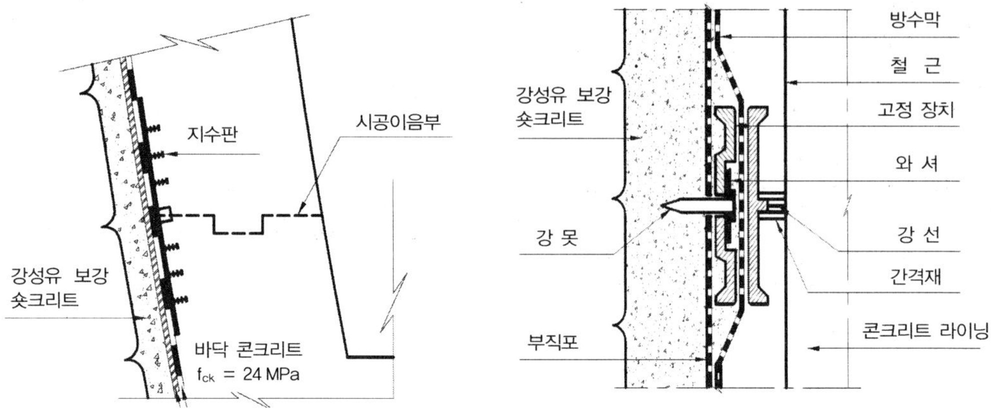

(a) 지수판 고정 (b) 방수막 고정

그림 6.5 **지수판 및 방수막 고정 상세**

그림 6.5는 A-A 단면의 시공이음부와 B-B 단면의 신축 이음부에 방수를 위하여 시공한 지수판과 방수막을 고정시키는 방법을 나타내고 있다.

6.2 지하 개착 박스 구조물

이 절에서는 그림 6.6에 도시한 지하 개착 박스 구조물[4)]에 시공된 콘크리트의 이음 및 줄눈에 대하여 기술하고 있다. 특히 단면 및 위치 변화에 따른 시공이음부의 8종류의 방수 상세를 그림 6.7에 기술하였다.

6.2.1 신축이음

- 신축이음에서는 구조물이 접하는 양쪽 부분을 절연시켜야 한다.
- 신축이음에서는 이음 채움재로 압축성 충전재를 사용해야 한다.
- 충전재 또는 봉합재의 시공 전에 이음 간격과 폭의 적정성, 이음의 거동과 배수의 가능성을 확인하고 흙, 부스러기, 먼지, 레이턴스가 없도록 한다.
- 충전재는 콘크리트를 치고 마무리한 후 28일 이상 지난 후에 표면 13 mm 아래까지 채워야 한다.

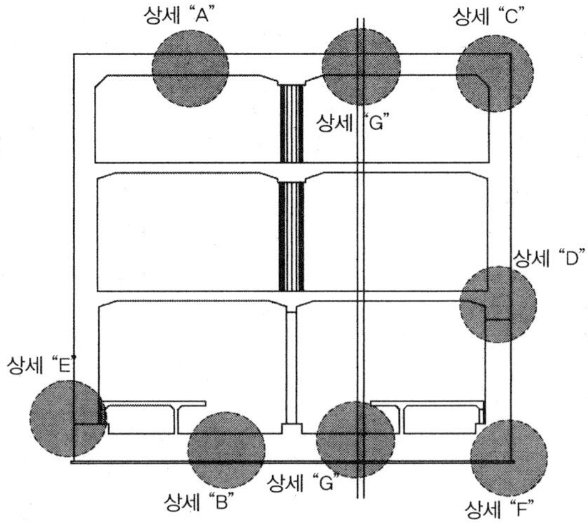

그림 6.6 지하 개착 박스 구조물(정거장) 개요도

6.2.2 수축줄눈

- 수화열, 건조수축, 온도 변화, 외력 등의 원인에 의한 균열을 제어하기 위하여 수축줄눈을 설치하는 경우에는 구조물의 강도 및 기능을 해치지 않도록 위치 및 구조를 설정해야 한다.
- 수축줄눈부의 철근은 특별한 사유가 없는 한 절단하지 않고 연속적으로 배근한다.
- 수밀 구조여야 하므로 미리 지수판을 설치하는 등 적절한 지수 대책을 마련한다.
- 콘크리트가 경화 전에 수축줄눈부 부재의 양면에 부재두께의 10 퍼센트 깊이까지 홈을 파야 한다.
- 수축줄눈부에 두는 충전 밀봉재는 변형성이 좋아야 한다.
- 봉합재는 콘크리트 표면 2 mm 아래까지 채워야 한다.

6.2.3 시공이음

- 시공이음은 거푸집공 설계도에 명시된 대로 시공하고 필요한 대로 지수판, 지수재를 설치한다.
- 콘크리트의 치기, 진동 및 양생 중에 이음의 위치를 단단하게 유지할 수 있도록 적절한 조치를 실시한다.

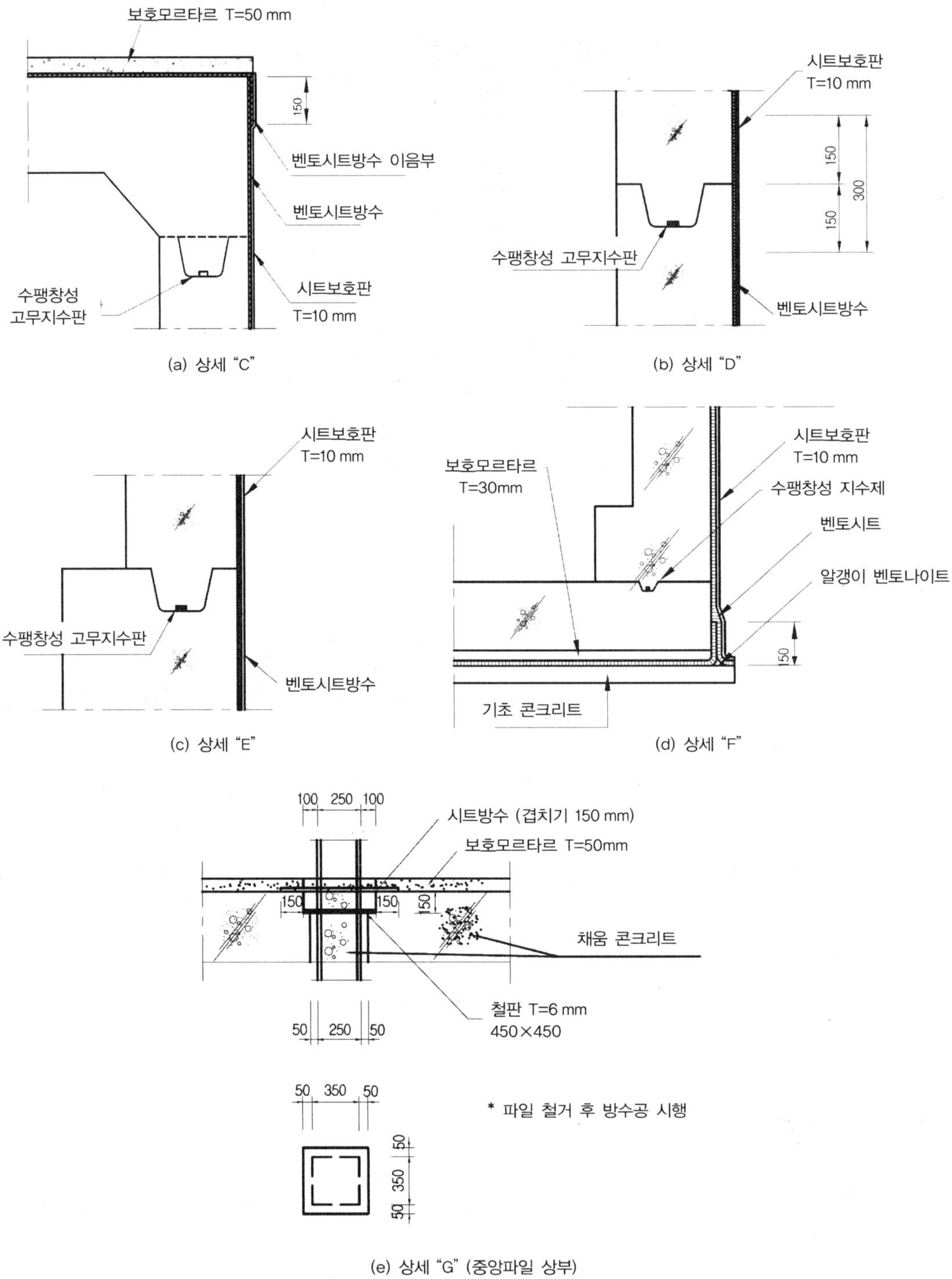

그림 6.7 **지하 개착 박스 구조물 이음 및 방수 상세**

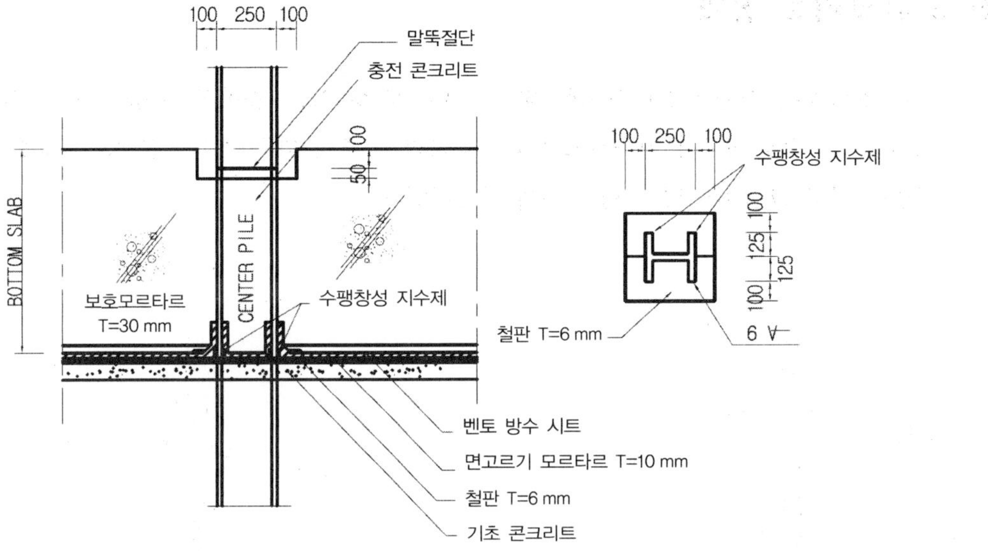

(f) 상세 "G" (중앙파일 하부)

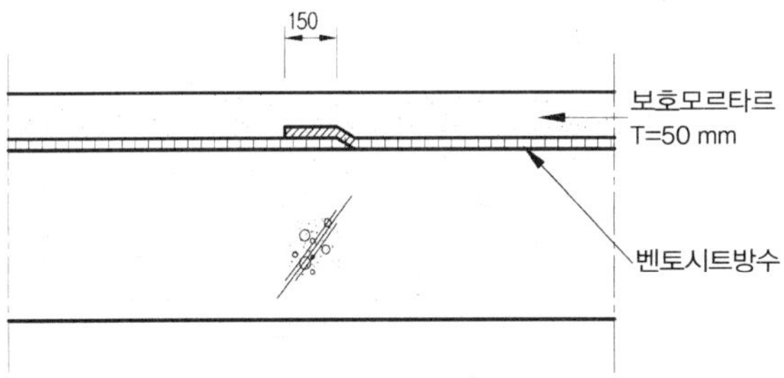

(g) 시트이음부

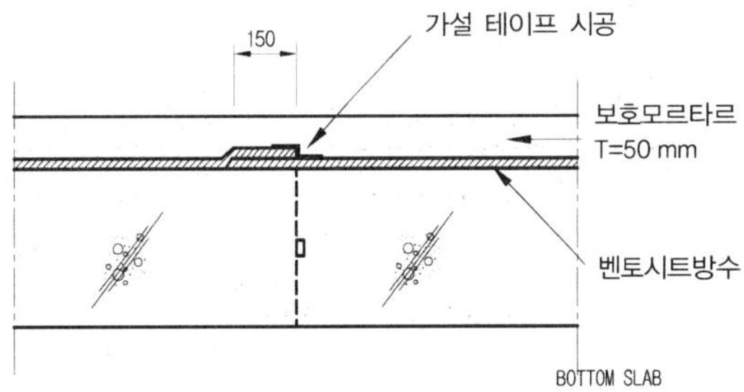

(h) 시공이음부 (종방향)

그림 6.7 **지하 개착박스 구조물 이음 및 방수 상세 (계속)**

- 시공이음은 직선으로 구조물과 정확하게 수직 및 수평을 이루어야 하며, 전단력이 적은 위치에 설치하고 부재의 압축력이 작용하는 방향과 직각이 되게 하는 것이 원칙이나, 전단력이 크게 작용하는 곳에 부득이 시공이음을 설치할 경우 이음부에 홈을 만들거나 적절한 철근을 배치하여 보강한다.
- 벽체 측의 하부 슬래브와 헌치, 헌치와 벽체, 벽체와 벽체에 있는 시공이음에는 키 홈을 두어야 한다. 시공이음은 주 철근에 직각되게 두고 철근은 시공이음을 가로질러 연속되게 한다.
- 구 콘크리트의 시공이음 면은 와이어 브러시로 그 표면을 제거하거나 연마(sand blasting), 치핑 등을 실시하여 표면을 거칠게 한 후 고압 분사기를 이용하여 청소한다. 또한 습윤면용 에폭시, 시멘트 페이스트, 모르타르 등을 바른 후 새 콘크리트를 이어치기 한다.

6.3 콘크리트 옹벽

이 절에서는 그림 6.8에 도시한 바와 같이 역T형, L형, 중력식, 반중력식 콘크리트 옹벽의 이음 시공에 대하여 기술하고 있다. 옹벽의 종류에 따른 신축이음 및 수축줄눈의 시공 방법을 각각 그림 6.9 및 그림 6.10에 나타내었다.

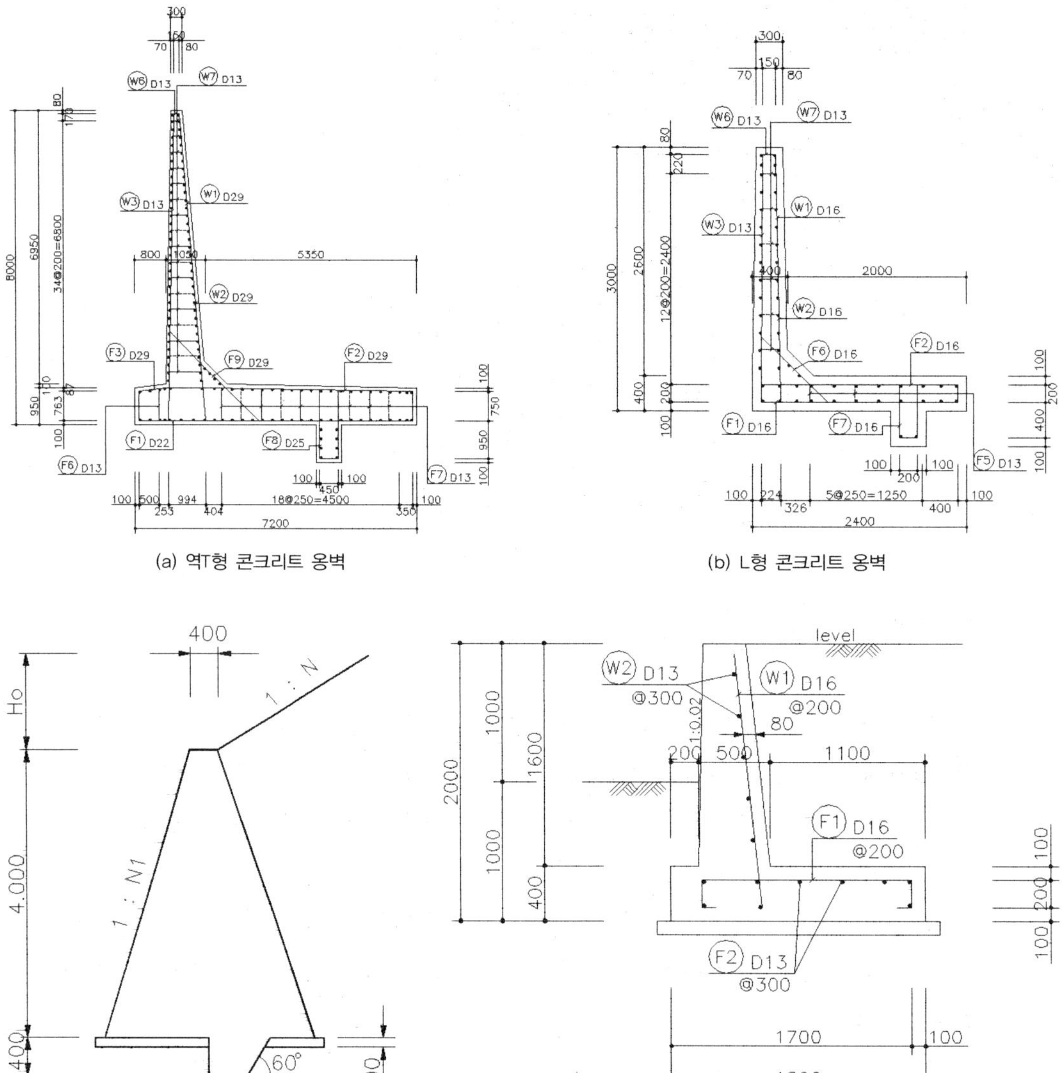

(a) 역T형 콘크리트 옹벽

(b) L형 콘크리트 옹벽

(c) 중력식 콘크리트 옹벽

(d) 반중력식 콘크리트 옹벽

그림 6.8 **콘크리트 옹벽 예**

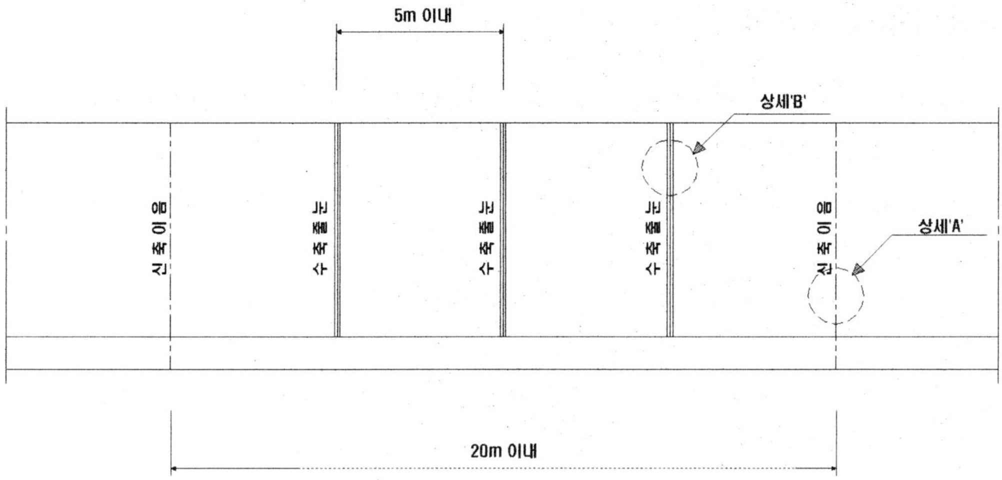

(a) 역T형, L형 콘크리트 옹벽

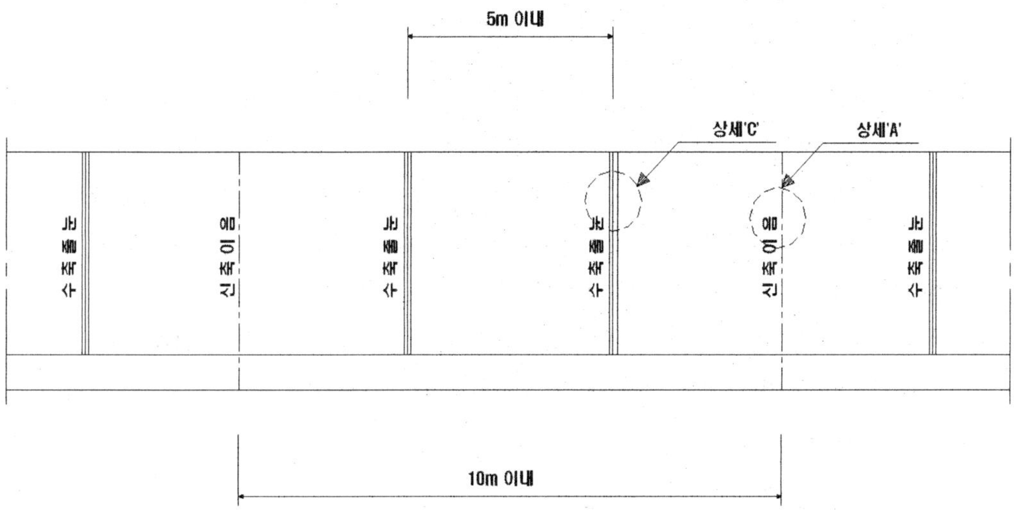

(b) 중력식, 반중력식 콘크리트 옹벽

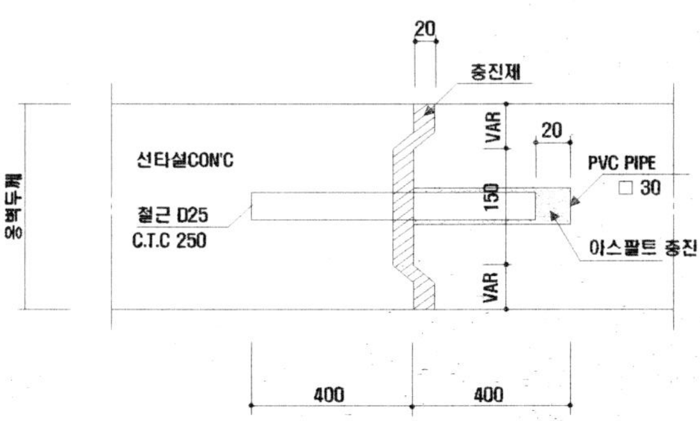

(c) 신축이음 상세 "A" (Type I)

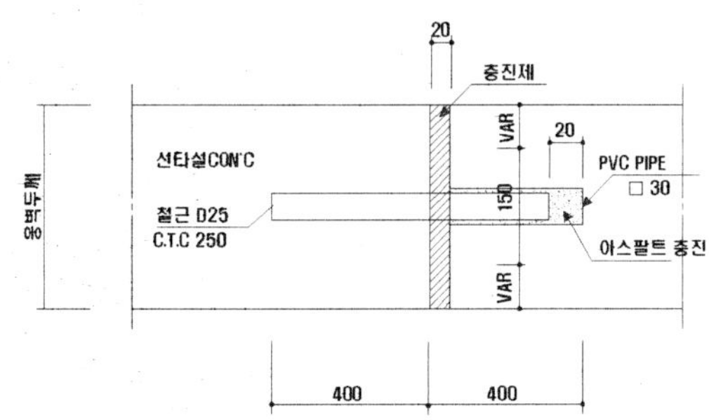

(d) 신축이음 상세 "A" (Type II)

그림 6.9 **콘크리트 옹벽의 신축이음 상세**

6.3.1 신축이음 및 수축줄눈

- 신축이음은 30 m 이하 간격으로 설치하되. 기초 바닥까지 철근을 잘라야 하며 절곡되는 부분에 신축이음을 두지 않는다.
- 부벽식 옹벽에서 신축이음을 두는 곳의 부벽 간격은 다른 부벽 간격의 0.8배로 하며, 이음은 그 중앙에 두도록 한다.
- 신축이음부는 채움재를 설치하고 옹벽 상단에 난간 등이 설치될 경우, 난간도 절단해야 한다.
- 채움재는 이미 타설된 콘크리트 면에 충분히 밀착시켜 수밀성이 확보되도록 해야 하며, 다음 구간의 콘크리트 타설 시 뜨거나 밀리지 않도록 단단하게 고정시켜야 한다.
- 신축이음은 수축줄눈과 달리 구조체 전체의 팽창, 수축을 자유롭게 하여 콘크리트의 내부에 발생하는 응력에 의한 균열을 방지하기 위하여 길이 30 m 이내마다 신축이음을 두어야 한다.
- 콘크리트 옹벽을 시공할 경우 옹벽의 종류에 따른 신축이음 및 수축줄눈의 시공 상세는 다음 그림 6.9 및 그림 6.10에 나타낸 바와 같다. 특히 그림 6.9의 신축이음인 경우 옹벽 높이가 얕고 기초 지반의 지지력이 균등할 경우에는 시공의 용이성을 고려하여 Type Ⅱ형태를 적용하고, 옹벽 선단에 변위가 발생할 우려가 있는 경우에는 Type Ⅰ형태를 적용한다.
- 그림 6.9의 상세 "B" 및 상세 "C"의 수축줄눈은 9 m 이하 간격으로 설치하되, 그림 6.10에 나타낸 바와 같이 벽의 표면에 수직으로 깊이 30 mm 정도의 V형 홈을 파고 철근은 절단하지 않는다.

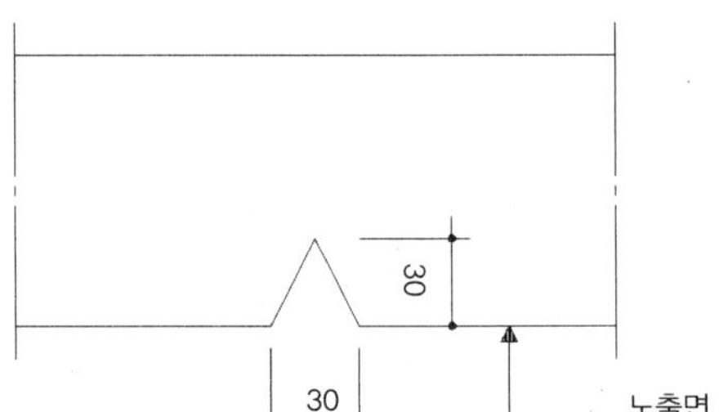

그림 6.10 수축줄눈 상세 "B" 및 상세 "C"

07 장

결론 및 권장 사항

7.1 가동이음

가동이음은 구조물에 발생하는 이동을 수용하는 기능을 한다. 구조물의 이동이 구속을 받으면 콘크리트에 응력이 유발되고 그로 인하여 구조물에 손상이 발생하는데 이를 완화시키는 역할을 하는 것이 가동이음이다. 구조물의 이동을 발생시키는 주요 원인은 다음과 같다.

- 온도 변화
- 콘크리트 수화열
- 비회복적 건조수축
- 지반의 운동

다양한 형태의 가동이음을 사용할 수 있으며 평행 이동과 회전 운동이 가능해야 한다.

- 격리이음
- 자유 수축줄눈
- 부분 수축줄눈
- 신축이음

- 힌지이음
- 미끄럼이음 또는 베어링
- 내진이음

이러한 이음 설계 시 반드시 고려해야 하는 비구조적인 요건들은 다음과 같다.

- 내구성
- 누수 저항성
- 방음
- 단열
- 내화
- 외관
- 점검 및 유지 관리 용이성

가동이음은 지상 건축물의 경우, 예상되는 이동량의 크기와 강성, 수직구조물 특히 전단벽의 변위 등에 따라 일반적으로 25 m에서 180 m 범위의 간격을 두고 설치한다. 비교적 큰 이동량에 영향을 받는 강성이 큰 구조물은 이음을 중앙부에 두는 것이 좋으며, 작은 이동량에 반응하기 쉬운 유연한 구조물은 이음 간격을 넓게 설치하는 것이 바람직하다. 또한 저수용 구조물이나 바닥 슬래브는 가동이음 간격을 좁게 설치하고 지하 구조물은 철근의 배근을 통하여 균열을 제어하는 것이 바람직하다.

또한 가동이음을 관통하여 힘을 전달하는 철근은 축 방향으로 자유롭게 이동하면서 부식이 발생하지 않도록 설계·시공해야 한다.

지수재는 가동이음에서 누수를 차단하는 역할을 하며, 외부 부착형과 내부 삽입형이 있다. 시공성을 확보할 수 있도록 설계해야 하고 시공 시에는 콘크리트를 철저히 다짐하여 공극이나 곰보가 없도록 한다. 콘크리트가 타설된 후에는 손상된 지수재의 보수가 어렵고 공극을 통한 누수 또한 보수가 거의 불가능하므로 철저한 품질 관리가 요구된다.

가동이음은 철저히 밀봉하여 물 또는 유해 물질의 침투를 차단하여 이음의 기능이 충분히 발휘되도록 해야 한다.

7.2 시공이음

시공이음은 콘크리트가 일체로 타설되지 않은 경우에 반드시 발생하며, 구조적 강도, 외관, 내구성, 누수 저항성 등의 성능을 충분히 만족해야 한다.

시공이음을 설치할 경우에는 기존 콘크리트의 레이턴스를 제거하고 치핑을 통하여 거칠게 표면 처리를 해야 한다. 이를 통하여 이음에 작용하는 압축, 전단 또는 모멘트를 충분히 저항할 수 있으며 레이턴스 제거는 방수 시공에도 필수적이다. 시공이음 양측에 노출된 콘크리트 색상의 차이, 눈에 거슬리게 드러난 이음 선형, 누출된 그라우트에 의한 오염 등의 부작용을 최소화하려면 다음 사항을 고려해야 한다.

- 홈파기를 하여 이음 면이 눈에 띄지 않게 은폐시키는 방법
- 이음 면이 제 위치에 시공될 수 있도록 이음 면을 지나서 거푸집을 연장하여 설치하는 방법
- 콘크리트를 타설하기 전 효율적으로 이음을 밀봉하는 방법
- 철저한 콘크리트 다짐을 시행하는 방법

시공이음 간격은 1회 콘크리트 타설량, 다짐 및 마감 작업 능력, 콘크리트의 수축에 따른 구속력 크기 등에 의해 결정된다. 시공이음은 가급적 적게 두는 것이 좋으며, 방수가 필요한 지하 구조물에서는 이음 간격을 좁게 설치하는 것이 바람직하다.

시공이음을 관통하는 철근은 단부를 내밀어서 시공한다. 2차 콘크리트를 타설할 때 다시 펼 수 있도록 굽힌 상태에서 1차 콘크리트를 타설하며, 일반적으로 막음판에 철근을 거치하는 방법을 사용한다. 이음 양측에서 철근을 연결할 수 있도록 커플러, 매입형 소켓 등을 이용할 수 있으며 용접으로 철근이음을 할 수도 있다.

시공이음에 지수재를 사용하지 않을 경우에는 이음의 방수 성능이 이음 면의 품질에 전적으로 의존하기 때문에 철저한 검토 및 관리를 통하여 이음을 설계·시공해야 한다. 지수재를 사용할 경우에는 지수재를 손상시키지 않는 것이 무엇보다 중요하고 콘크리트의 다짐을 충실히 수행하여 누수의 원인을 제거해야 한다.

시공이음의 막음판은 목재, 망철판, 골판, 철근 일체화 스트립, 프리캐스트 콘크리트, 발포 플라스틱 시트, 강화 플라스틱 시트 등 다양한 재질로 제작할 수 있다.

콘크리트를 타설할 때 시공이음 면은 청결한 상태여야 하며, 거푸집과 이음 면을 청소할 때 살수한 물은 이음 표면에서 제거한다. 모르타르나 그라우트로 덧칠하는 것은 부착력 증가에 도움이 되지 않을 뿐만 아니라 오히려 노출된 콘크리트의 미관을 악화시키는 원인이

되므로 바람직한 방법이 아니다.

수직 이음을 설치할 때에는 막음판이나 지수재의 손상을 방지하기 위하여 막음판에서 0.15~0.3 m 이격된 위치에 콘크리트를 타설한 후 다짐기를 이용하여 이음판 방향으로 콘크리트를 이동시키는 방법을 이용한다. 망철판을 막음판으로 사용할 경우에는 콘크리트 다짐을 실시하면서 시멘트 페이스트 또는 모르타르가 지나치게 누출되지 않도록 각별히 주의한다.

수평 이음은 처음 타설할 때 약 0.3 m의 두께로 콘크리트를 시공하고 철저히 다짐을 실시해야만 거푸집 밑에 곰보가 생기지 않는다. 노출 표면을 위해서는 거푸집에 차폐막을 대고 콘크리트에 얼룩이 남지 않도록 하고, 콘크리트 타설을 진행하면서 차폐막을 뽑아서 제거한다. 폭이 좁은 부재는 긴 주름관을 이용하여 효과적으로 콘크리트를 타설할 수 있다.

부착 성능을 확보하기 위하여 다음과 같은 방법으로 치핑하여 이음 표면을 처리한다.

- 표면 레이턴스, 시멘트 페이스트 또는 모르타르를 보통 2~3 mm 깊이까지 제거함.
- 굵은 골재를 주변 모르타르를 깊게 손상하지 않으면서 2~3 mm 깊이까지 노출시킴.
- 표면 하부의 콘크리트 손상 또는 교란을 최소화함.

콘크리트 이음 표면을 준비할 때에는 콘크리트가 완전히 굳지 않은 상태에서 조기에 작업을 하는 것이 굳은 이후에 하는 것보다 저렴하면서 작업도 용이하다. 공기 분사하는 방법, 저압으로 물을 뿌리면서 부드럽고 탄성이 있는 솔로 솔질하는 방법, 가볍게 살수하는 방법 등의 손상 위험이 낮은 방법을 적용할 수 있다. 손상 위험은 높지만, 보다 효과적인 방법으로는 물로 세척하면서 쇠솔질을 하는 방법, 해머드릴이나 망치를 사용하는 방법, 연마사를 이용한 습식 연마 방법 등이 있다. 수작업으로 깨내기를 하는 방법은 충분한 이음 표면의 마감이 어렵고 매립된 굵은 골재가 탈락하거나 콘크리트 모서리를 손상시킬 수 있기 때문에 권장하지 않는다.

참/고/문/헌

1. 건설교통부, "철도설계기준(노반편)", 2004.
2. 국토해양부, "국도건설공사 설계실무 요령", 2008.9.
3. 국토해양부, "도로공사표준시방서" 2009.
4. 철도청, "분당선 왕십리~청담간 복선전철 노반 보완실시설계 공사 시방서", 2002.8.
5. 한국도로공사, "도로설계요령 제 5권 포장편" 1992.
6. 한국철도시설공단, "분당선 왕십리~선릉간 복선전철 제3공구 노반신설공사 공사 시방서", 2007.
7. 한국콘크리트학회, "콘크리트 표준시방서 해설", 2009.
8. ALEXANDER, S. J. and LAWSON, R. M., "Design for movement in buildings", CIRIA Technical Note 107, 1981.
9. ASSOCIATION FRANCE DE NORMALISATION, "Technical rules for the design and calculation of reinforced concrete structures and buildings using the limit states method"(English translation of French original document. BAEL 83), AFNOR Bulletin No.62, Part 1, Section 1, 1986.
10. BAMFORTH, P. B. and PRICE, W. F., "Concreting deep lifts and large volume pours", CIRIA Report 135, 1995.
11. BENNETT, D. F. H., "Kickerless construction", British Cement Association Publication 47.023, 1988.
12. BLACKLEDGE, G. F., "Concrete practice", Cement and Concrete Association(now British Cement Association), 1987.
13. BRANDES, E. A. and BROOK, G., "Smithells metals reference book", Butterworth-Heinmann, 1992.
14. BRITISH STANDARDS INSTITUTION, "Code of practice for design of joints and jointing in building construction", BS 6093, 1993.
15. BRITISH STANDARDS INSTITUTION, "Code of practice for protection of structures against water from the ground", BS 8102, 1990.
16. BRITISH STANDARDS INSTITUTION, "Code of practice for sound insulation and noise reduction for buildings", BS 8233, 1987.
17. BRITISH STANDARDS INSTITUTION, "Code of practice for use of masonry Part 3. Materials

and components design and workmanship", BS 5628, 1985.

18. BRITISH STANDARDS INSTITUTION, "Durability of buildings and building elements, products and components", BS 7543, 1992.

19. BRITISH STANDARDS INSTITUTION, "Guide to selection of constructional sealants", BS 6213, 1982.

20. BRITISH STANDARDS INSTITUTION, "Code of practice for design of concrete structures for retaining aqueous liquids", BS 8007, 1989.

21. BRITISH STANDARDS INSTITUTION, "Structural use of concrete Part 1. Code of practice for design and construction", BS 8110, 1985.

22. BRITISH STANDARDS INSTITUTION, "Structural use of concrete Part 2. Code of practice for special circumstances", BS 8110, 1985.

23. BROOK, K.M., "Treatment of concrete construction joints", CIRIA Report 16, 1969.

24. BUILDING RESEARCH ADVISORY BOARD, "Expansion joints in buildings", Federal Construction Council Technical Report No. 65, National Academy of Sciences, 1974.

25. BUILDING RESEARCH ESTABLISHMENT, "Estimation of thermal and moisture movements and stresses Part 1 to 3", BRE Digests 227, 228 and 229, 1979.

26. BUILDING RESEARCHMENT ESTABLISHMENT, "Thermal insulation: avoiding risks", BRE Report 143/HMSO, 1989.

27. CLEAR, C. A. and HARRISON, T. A., "Concrete pressure on formwork", CIRIA Report 108, 1985.

28. COMITE EURO-INTERNATIONAL DU BETON, "CEB-FIP Model Code 1990: final draft", CEB Bulletins d'Information 203 to 205, 1991.

29. CONSTRUCTION INDUSTRY RESEARCH AND INFORMATION, "Guide to the design of waterproof basements", CIRIA Guide 5, 1978.
NOTE: "WaterResistingBasementConstruction", AGuidepublished, CIRIARepore 139, 1995.

30. CONSTRUCTION INDUSTRY RESEARCH AND INFORMATION, "Performance of sealant-concrete joints in wet conditions", CIRIA Technical Note 144, 1993.

31. CONSTRUCTION INDUSTRY RESEARCH AND INFORMATION, ASSOCIATION/BRITISH ADHESIVES AND SEALANTS ASSOCIATION., "Manual of good practice in sealant application", CIRIA Special Publication 80/BASA, 1991.

32. CONSTRUCTION INDUSTRY RESEARCH AND INFORMATION, ASSOCIATION/WATER RESEARCH CENTER, "Civil engineering sealants in wet conditions", CIRIA Technical Note 128, 1987.

33. DEACON, R. C, "Concrete ground floors: their design, construction and finish", Cement and Concrete Association (now British Cement Association), 1986.

34. DEPARTMENT OF THE ENVIRONMENT, "The Building Regulations 1985", Approved Document

L: conservation of fuel and power, HMSO, 1989.

35. DEPARTMENT OF THE ENVIRONMENT, “The Building Regulations 1991”, Approved Document B: fire safety, HMSO, 1991.

36. DEPARTMENT OF TRANSPORT et al., “Specification for Highway Works”, HMSO.

37. HER MAJESTY'S STATIONERY OFFICE, “The Building Regulations 1991”, HMSO Statutory Instruments No. 2768, 1991.

38. KIRK, G. and VENABLES, R. K., “Development of improved stop-ends: report on preliminary testing and scheme for further work”, CIRIA Technical Note 67, 1976.

39. MN Bussell, R Cather., “Design and construction of joints in concrete structures”, CIRIA Report 146, 1995.

KCI 209 – 균열위원회

위원장	김윤용	충남대학교 토목공학과 교수
간 사	조창근	조선대학교 건축학부 교수
위 원	권승희	명지대학교 토목환경공학과 교수
	김영진	대우건설 기술연구원 연구위원
	김진근	KAIST 건설 및 환경공학과 교수
	김진용	삼성엔지니어링 토목건축2팀 과장
	이 윤	대전대학교 토목공학과 교수
	이재훈	영남대학교 건설시스템공학과 교수
	장기성	(전) 쌍용건설 설계팀장
	정우정	태영건설 토목기술팀 차장
	정 란	단국대학교 건축공학과 교수
	지광습	고려대학교 건축사회환경공학부 교수
	최규용	삼성건설 기술연구소 선임연구원
	최석환	국민대학교 건설시스템공학부 교수

콘크리트 실무 매뉴얼

콘크리트 구조물 이음의 설계 및 시공

2010년 12월 25일 1판 1쇄 인쇄
2010년 12월 30일 1판 1쇄 발행

저 자 사단법인 한국콘크리트학회
서울특별시 강남구 역삼동 635-4
한국과학기술회관 신관 1009호
TEL. 568-5985~7
FAX. 568-1918
http : // www.kci.or.kr

발 행 인 김진근

발 행 처 사단법인 한국콘크리트학회

보 급 처 기문당
서울시 성동구 무학봉 28길 4-1
(왕십리동 966-22)
TEL. 2295-6171(代)~5
FAX. 2296-8188

출판등록 1976. 10. 7 (1-44)

홈페이지 http : // 기문당
http : // www.kimoondang.com

I S B N 978-89-6225-338-2 93540

정 가 10,000원